KLIMA STARKE STAUDEN

Joachim Kugler

Haupt
NATUR

Joachim Kugler

KLIMA STARKE STAUDEN

Die besten hitzetoleranten Arten mit Insektenbonus

Haupt Verlag

INHALTSVERZEICHNIS

Wenn Sie ganz genau wissen möchten, welche Insektenarten von den in diesem Buch porträtierten Pflanzenarten profitieren, führt dieser QR-Code Sie zu den entsprechenden Artenlisten.

VORWORT

Eigentlich gab es keine Motivation, ein Buch zu schreiben und im Nachhinein betrachtet, ist es mir einfach passiert. Denn wenn es dieses Buch schon gegeben hätte, tja ...

Ich hatte das große Glück im Burgenland (Österreich) inmitten von Trockenrasen aufzuwachsen und die dort vorherrschenden Bilder dieser wunderbaren Welt waren mir sehr vertraut. Doch wusste ich lange den Wert dieser Landschaft nicht zu schätzen und war immer wieder erstaunt, unser „Unkraut" in botanischen Gärten im Ausland zu entdecken. Aber wie heißt es so schön? „Das Gute liegt so nah".

Nach meiner Ausbildung zum Gärtnermeister vertiefte ich mich zusehends in die Staudenwelt und die Möglichkeit, mit Stauden Gärten zu gestalten. Dabei verwendete ich Pflanzen aus aller Herrenländer, die auch heute noch ihre Berechtigung haben. Bis mir eine sehr liebe Kollegin das Buch *Blütenvielfalt im Pannonikum* von Raimund Fischer schenkte (Danke Paula Polak). Bei dessen Lektüre realisierte ich, dass ich einen Fehler in meinem Denksystem habe. Kurzerhand entschloss ich mich zur Ausbildung zum Kräuterpädagogen, wo mir Orphelia Herderits-Riemer diese wunderbare Welt offenbarte. Ja, mehr noch: Ich lernte die Welt hinter der Pflanze kennen, die Mythologie, die Kulinarik oder deren Heilwirkung. Ein Johanniskraut-Öl oder ein Mädesüß-Tee sind heute ein fixer Bestandteil in meiner Haus-Apotheke. Ich lernte, dass eine Pflanze viel mehr kann, als „nur" in dieser oder der anderen Farbe zu blühen.

In den darauffolgenden Jahren als Gartenplaner probierte ich viele unterschiedliche Stauden und Gräser aus. Ich tauchte auch ein in die Welt der Palmen, Xerophyten und jene der mediterranen Pflanzen und merkte immer wieder, dass manche Angaben aus verschiedensten Quellen nur zum Teil stimmten. Aus diesem Grunde errichteten wir, mein Partner Daniel Trinkl und ich (von KUGLER & TRINKL), einen Sichtungsgarten, in dem wir die verschiedensten Pflanzen auf deren Trockenheitsverträglichkeit, Blühfarbe, aber auch auf deren Wuchsverhalten testeten.

Mein Durst nach Wissen wurde immer größer und so entschloss ich mich an der Universität Krems, im Lehrgang Ökologisches Garten- und Grünraummanagement einzuschreiben. Eine meiner ersten Vorlesungen war von Mag. Gregor Dietrich über die evolutionäre Entstehung von Pflanzen und deren Bestäuber. An diesem Tag wurde mir diese zuvor geheime Welt offenbart, als ob jemand eine Schatztruhe öffnet. In der Folge wollte ich immer tiefer darin eintauchen. Aus diesem Grund beschloss ich, meine Masterarbeit über Tagfalter im Garten zu schreiben. Beim Verfassen derselben erstellte ich auch eine Liste Raupenfutterpflanzen, die ökologisch besonders wertvoll sind, merkte aber bald, dass viele dieser Pflanzen für die Gartengestaltung nicht zu gebrauchen sind. Sei es, dass sie zum Wuchern neigen, sei es, dass sie kurzlebig sind oder sei es, dass sie mit Hitze und Trockenheit nicht zurechtkommen. Der Dreiklang „klimatauglich – insektentauglich – gartentauglich" weckte mein Interesse besonders, weshalb dieses Thema zunehmend im Zentrum meiner Masterarbeit stand. Das Insektensterben ist leider größer als je zuvor und der Klimawandel erschwert die Auswahl der Pflanzen zusätzlich. Bei der Suche nach passender Literatur merkte ich, wie schwierig es ist, solche zu finden. Und eigentlich hätte ich doch einfach ein Nachschlagewerk gewollt, indem man nachschauen kann, welche Stauden für Insekten wertvoll sind, mit Trockenheit auskommen und sich für die Gartengestaltung eignen ...

Während der Corona-Pandemie gingen meine Aufträge zurück und ich hatte endlich mehr Zeit, um nach passenden Pflanzen zu suchen. Rasch entstand eine Fülle an wertvollen Informationen und ich verbrachte viel Zeit für die Recherche, bis meine Lebensgefährtin meinte: „Warum schreibst du nicht gleich selber ein Buch?" Und so ist es nun eben doch dazu gekommen, dass ich ein solches geschrieben habe!

Der Vergleich verschiedener Pflanzen bezüglich der Frage nach ihrer Hitzeverträglichkeit oder der Frage, wem sie Nahrungspflanze ist, ist faszinierend. Ich wünsche allen Leserinnen und Lesern viel Spaß beim Lesen und Ausprobieren.

Joachim Kugler

EINLEITUNG

PFLANZENAUSWAHL

Gartentauglich oder nicht gartentauglich?

Pflanzen verfolgen – je nach Lebensdauer und Wuchsverhalten – ganz unterschiedliche Strategien. In meiner Gartengestaltung lege ich daher großen Wert auf eine möglichst langlebige und stabile Optik – sowohl bei der Materialauswahl und Verarbeitung als auch bei der Zusammenstellung der Pflanzen hinsichtlich ihrer Lebensdauer und Pflegebedürftigkeit.

Die im vorliegenden Buch vorgestellte Pflanzenauswahl basiert auf meiner langjährigen Erfahrung und ist eine Momentaufnahme, die sich im Laufe der Zeit weiterentwickeln wird. Sie erhebt keinen Anspruch auf Vollständigkeit – vielmehr ließe sie sich um zahlreiche weitere gartentaugliche Arten ergänzen.

Aus Sicht der Insekten sollten, wenn möglich, heimische Pflanzen bevorzugt werden, jedoch haben viele Wildstauden aus Trockenrasen im Sommer ihre Ruhephase. In dieser Zeit entsprechen sie oft nicht unserem ästhetischen Empfinden: Ihr Blühzeitpunkt ist abgeschlossen oder sie beginnen erst zum Ende des Sommers erneut zu blühen. Um dieses sogenannte «Blüh-Loch» zu überbrücken, greife ich gerne auf Pflanzen aus anderen Regionen zurück – etwa aus dem mediterranen Raum. Viele Wildbienen nehmen deren Nektar, zum Beispiel von Lavendel und Co., dankend an. Die Nahrungsakzeptanz von Insekten ist tatsächlich deutlich höher, als oft behauptet wird.

Natürlich gibt es auch heimische Arten, die eine Vielzahl von Bestäubern anlocken – zum Beispiel den Löwenzahn, der circa 12 % unserer heimischen Wildbienen als Nahrungsquelle dient. Aber wie wir alle wissen, muss man sich um den Lebensraum des Löwenzahns keine Sorgen machen – ähnlich verhält es sich mit der Brennnessel, die eine ganz wichtige Raupenfutterpflanze vieler Nesselfalter wie Admiral, Tagpfauenauge oder Landkärtchen ist.

Da diese Arten jedoch in Europa sehr häufig vorkommen und nicht dem gestalterischen Anspruch eines gepflegten Staudenbeetes entsprechen, verzichte ich in meinen Pflanzkonzepten auf sie.

Trockenstaudenbeet

Trockenheitsverträglichkeit

Meine Auswahl der Blütenstauden, Geophyten und Gräser basiert auf deren Trockenheitsverträglichkeit. Diese Zusammenstellung gründet auf meiner persönlichen Erfahrung als Pflanzenverwender im pannonischen Raum (Österreich – Burgenland). Das dortige, spezielle Klima ist geprägt von häufigem Wind, geringen Niederschlagsmengen und sehr heißen Sommern. Um die Eignung vieler der vorgestellten Arten testen zu können, errichteten wir in den Jahren 2012/2013 einen eigenen Sichtungsgarten – ein Projekt, das sich in den letzten Jahren als Schaugarten erfolgreich fortsetzte. Die dabei gewonnenen Erkenntnisse fließen direkt in meine Pflanzkonzepte ein.

Insektenwert

Wie bereits erwähnt, entstand meine Pflanzenauswahl aus einer Kombination verschiedener Kriterien: Gartenwert, Strategietyp, Staudengruppe, Trockenheitsverträglichkeit und Bedeutung für deren Bestäuber.

Dabei war die Anzahl der unterschiedlichen Bestäuber jedoch nicht das entscheidende Auswahlkriterium, denn meiner Überzeugung nach

Der Versuchsgarten von KUGLER &TRINKL

sollte man zwischen Pflanzen unterscheiden, die viele verschiedene Bestäuber anziehen, und solchen, die auf wenige Arten spezialisiert sind. Gerade diese Spezialisten unter den Insekten sind heute vom Aussterben bedroht und ein Garten kann die komplexen Zusammenhänge zwischen Lebensraum, Pflanze, Ameisen und anderen Tieren nur bedingt nachbilden.

Deshalb werden Naturschutzgebiete immer ihre Berechtigung haben – sie sind aus meiner Sicht durch nichts zu ersetzen und verdienen daher besonderen Schutz!

Dennoch kann ein Garten eine wichtige ökologische Rolle übernehmen: als Zwischenstopp, als sogenanntes Trittsteinbiotop, auf dem Weg zum nächsten Naturschutzgebiet und damit als Beitrag zum Erhalt der genetischen Vielfalt.

Jede Pflanze hat demnach ihre Berechtigung, selbst wenn sie «nur» einem Insekt als Nahrungsquelle dient.

Trockenstaudenbeet

INSEKTENAUSWAHL

Sympathieträger

Meine Insektenauswahl orientiert sich ganz bewusst an sogenannten Sympathieträgern: Ein Schmetterling wird in der öffentlichen Wahrnehmung anders aufgenommen als zum Beispiel eine Stinkwanze.

Dabei übernehmen auch viele weniger beliebte Insekten wie Fliegen, Wanzen, Käfer, Stechmücken oder Wespen eine wichtige Funktion als Bestäuber. Diese Tiere wurden im vorliegenden Buch von mir zwar nicht explizit erwähnt, sind aber selbstverständlich mitgedacht und werden in meinen Pflanzkonzepten berücksichtigt. Das heißt jedoch nicht, dass sie nicht angesprochen werden, sondern ganz im Gegenteil.

Tatsächlich profitieren von den ausgewählten Pflanzen oft gerade jene Bestäuber, die nicht zu den klassischen Sympathieträgern zählen. Mir war es jedoch wichtig, keine Vorselektion durchzuführen, die bestimmte Pflanzen – und damit wertvolle Lebensräume – ausschließen würde. Denn nur durch ein vielfältiges Pflanzenspektrum kann ein Garten sowohl ästhetisch überzeugen, dabei einen wertvollen Beitrag zur ökologischen Vielfalt leisten und ermöglichen, dass auch die weniger beachteten, aber ökologisch bedeutsamen Insekten ihren Platz finden.

Wildbienen – Nektar und Pollen

Österreich beheimatet circa 700 verschiedene Wildbienenarten, in Deutschland sind es 540 und in der Schweiz circa 600 Arten. Die hohe Vielfalt in meinem kleinen Heimatland ist sowohl der Topografie als auch der Vielzahl unterschiedlicher Biotope geschuldet. Zudem liegt Österreich etwas südlicher als Deutschland – auch das trägt dazu bei, dass das circa zehnmal kleinere Land eine größere Artenvielfalt aufweist. Viele dieser Insekten sind echte Sonnenkinder, und je wärmer und sonniger ein Lebensraum, desto wohler fühlen sie sich.

Den Unterschied zwischen Nektar und Pollen kann man sich leicht so merken: Der Nektar ist die Energiequelle und der Pollen dient dem «Muskelaufbau», also der Versorgung mit Eiweiß und Nähstoffen. Bei meiner Pflanzenauswahl achte ich deshalb stets darauf, dass die Arten beides bieten: Nektar und Pollen, denn nur so können sie einen wichtigen Beitrag zur Ernährung der Wildbienen leisten.

Große Holzbiene *(Xylocopa violacea)*

Ackerhummel *(Bombus pascuorum)*

Hummeln – Nektar und Pollen

Hummeln zählen genaugenommen zu den Bienen. Aufgrund ihrer Größe, ihres Aussehens und einiger besonderer Eigenschaften, wie der Vibrationsbestäubung oder ihrer geringeren Temperaturempfindlichkeit, daher habe ich sie hier extra angeführt.

Diese spezielle Bestäubungsart ermöglicht es ihnen, an verschlossene oder schwer zugängliche Pollen zu gelangen, die aufgrund ihrer Größe für sie sonst unerreichbar wären. Dank ihrer Behaarung und der höheren Flügelschlagfrequenz können Hummeln zudem bei deutlich niedrigeren Temperaturen fliegen als zum Beispiel Honigbienen. Dies kostet sie jedoch viel Energie und erfordert häufige Blütenbesuche, um ihren hohen Nektarbedarf zu decken.

Aus diesen Gründen sind Hummeln in der Landwirtschaft als Bestäuber sehr geschätzt, da sie besonders effektiv «arbeiten». Besonders deutlich zeigt sich das bei der Dunklen Erdhummel *Bombus terrestris*. Sie benötigt circa 600 mg Zucker pro Tag, was circa 6000 Blüten pro Brut/Lebenszyklus entspricht! Kein Wunder also, dass sie gezielt in Glashauskulturen, zum Beispiel beim Tomatenanbau, eingesetzt wird.

Honigbiene

In der öffentlichen Diskussion um Bienen geht es zumeist um die Honigbiene, *Apis*. Ursprünglich eine reine Wildart, heute mit Ausnahmen ein domestiziertes Tier. Diese Bienen sind Generalisten, die einen wertvollen Beitrag in der Bestäubung von Kulturpflanzen übernehmen. Jedoch wurden diese Tiere in den letzten Jahren in Österreich sehr gefördert und Bienenvölker in Gärten und an öffentlichen Gebäuden sind modern geworden.

Wozu dieser Konkurrenzdruck führt, konnte ich mit eigenen Augen in Albanien erleben. Aufgrund der ärmlichen Verhältnisse und landwirtschaftlichen Strukturen befinden sich dort unzählige Bienenkästen. Das führt zu einem geringeren Nahrungsangebot für Wildbienen. Und trotz der noch sehr intakten Natur und geringen landwirtschaftlichen Monokulturen in diesem Land konnte ich bis auf wenige Hummelarten kaum Wildbienen finden. Daher ist es aus meiner Sicht enorm wichtig, dies immer vor einer Errichtung von Bienenkästen zu berücksichtigen und den Fokus auf Wildbienen zu legen. Außerdem sollte man Abstand zu Naturschutzgebieten halten, um auch hier den Wildbienen-Bestand zu sichern. Honigbienen sind im Gegensatz zu Wildbienen Meister im Überwinden von Flugdistanzen, und Strecken von 10–12 km stellen für sie kein Problem dar.

Honigbiene *(Apis mellifera)*

Tagfalter und ihre Raupenfutterpflanzen

Distelfalter *(Vanessa cardui)*

Bei Tagfaltern, ebenso wie bei Nachtfaltern, konzentriert sich meine Auswahl auf deren Futterpflanzen.

Das adulte Tier, der Falter, nimmt im Gegensatz zur Raupe ausschließlich flüssige Nahrung auf. Er gilt daher als Generalist und bedient sich an Nektar, den er für die Paarung benötigt. Die Lebensspanne eines erwachsenen Falters beträgt in der Regel circa zwei bis drei Wochen, mit wenigen Ausnahmen wie dem Admiral, Distelfalter oder Zitronenfalter, die deutlich länger leben können.

Die Raupen hingegen ernähren sich von festen Pflanzenteilen. Dabei spielt häufig der Gehalt an giftigen Inhaltsstoffen der Futterpflanzen eine Rolle. Viele Raupen fressen gezielt giftige Pflanzenteile, nehmen das Gift auf und werden dadurch selbst giftig – ein wirksamer Schutz vor Fressfeinden.

Nachtfalter und ihre Unterscheidungsmerkmale

Im Gegensatz zu den Tagfaltern, die ausschließlich tagaktiv sind, gibt es Nachtfalter, die bereits am Nachmittag aktiv werden.

Ein gutes Unterscheidungsmerkmal von Tag- und Nachtfaltern zeigt sich in ihrer Ruhestellung: Während Tagfalter meist mit geschlossenen Flügeln ruhen, sodass sie nur von außen gesehen werden, sitzen Nachtfalter mit ausgebreiteten Flügeln. Zudem besitzen sie auffällige Antennen, mit denen sie Gerüche in der Dunkelheit, wie Pheromone, besonders gut wahrnehmen zu können.

Anders verhält es sich bei den Nachtfalter-Raupen: Viele von ihnen sind tagaktiv und stehen ihren Tagfalter-Arten in Sachen Farbenpracht in nichts nach. Diese auffälligen Farben schrecken Fressfeinde ab, da sie auf ihre mögliche Giftigkeit hinweisen. Eine weitere Strategie zur Abwehr von Fressfeinden besteht darin, sich zu Gruppen zusammenzuschließen und mit einem schützendes Gespinst einzuspannen, das außerdem als Sonnenschutz dient.

Raupe des Königskerzen-Mönchs *(Cucullia verbasci)*

GRÜNDE FÜR DAS INSEKTENSTERBEN

Die Zahlen der weltweit verschwindenden Tierarten sind dramatisch und Insekten bilden dabei leider keine Ausnahme.In Deutschland gilt inzwischen die Hälfte aller vorkommenden Wildbienen als gefährdet, ebenso circa 17 % der Schmetterlinge und 32 % der Schwebfliegen-Arten, wie der NABU berichtet.

Intensive Landwirtschaft und Flächenzusammenlegung

Eine der Hauptgründe für den Rückgang vieler Insektenarten ist die intensive Landwirtschaft mit ihren großflächigen Monokulturen. Durch Flächenzusammenlegungen werden wertvolle, artenreiche Lebensräume, zum Beispiel mit alten Archäophyten, vollständig ausgelöscht. Die entstehenden Großfelder, häufig mehrere Hektar groß, sind für viele Insekten unüberwindbare Bereiche. Zum Beispiel kann die Große Holzbiene *Xylocopa violacea* maximal 6 km am Stück fliegen, während sich die meisten Insekten nur in einem Radius von wenigen Hundert Metern bewegen. So werden solche strukturlosen Agrarflächen zu lebensfeindlichen Zonen, die ganze Populationen voneinander trennen, was unweigerlich zu einer Inzucht führt.

Pestizide, Düngung und Umweltgifte

Der Einsatz von Pestiziden gehört zu den häufigsten Ursachen des Insektensterbens. Doch auch andere chemische Stoffe, zum Beispiel Lacke oder Holzschutzmittel, spielen eine Rolle.

Viele Wildbienenarten nutzen feine Holzfasern, zum Beispiel von Terrassendielen, um ihre Nester auszukleiden. Wird das Holz zuvor mit synthetischen Stoffen behandelt, gelangen Giftstoffe in die Nester – mit oft tödlichen Folgen für den Nachwuchs.

Hinzu kommt die Überdüngung unserer Böden, die langfristig zu einer Versalzung und Verarmung der Artenvielfalt führt. Viele Pflanzen sind an nährstoffarme Böden angepasst, gehören zu den sogenannten S-Strategen (siehe Seite 21), sind jedoch konkurrenzschwach. Verändert sich nun am Naturstandort durch Düngung das Nährstoffverhältnis im Boden, übernehmen starkwüchsige K-Strategen (siehe Seite 21) die Kontrolle und verdrängen die schwachwüchsigen S-Strategen.

Abdrift im chemischen Pflanzenschutz

Flächenversiegelung und Pflegemanagement

Die Ausdehnung von Wohnraum und der Verlust naturnaher Flächen gefährden zunehmend die Lebensräume vieler Insekten. Auch in bestehenden Schutzgebieten fehlt häufig ein konsequentes, angepasstes Pflegemanagement. Verbuschung ist das Resultat und dadurch verschwinden Nektar- und Futterpflanzen. Durch den Schattenwurf der dort aufkeimenden Gehölze verändert sich das Mikroklima negativ. Feuchte, beschattete Böden begünstigen Pilzbefall, wodurch wertvolle Gelege verfaulen.

Lichtverschmutzung im Ballungsgebiet

Lichtverschmutzung

Besonders nachtaktive Insekten leiden unter der zunehmenden Lichtverschmutzung. Nachtfalter werden stark von künstlichen Lichtquellen angezogen und verausgaben sich so sehr, dass sie schließlich verhungern. Bei heißen Lichtkörpern können zudem die Flügel der Tiere verbrennen, was sie flugunfähig macht. Daher sollte künstliche Beleuchtung im Außenbereich sehr sparsam und nur gezielt eingesetzt werden. Bei der Farbauswahl sollte der Fokus auf Gelblicht liegen, da Weißlicht die Insekten wesentlich stärker anzieht.

NATURSTANDORTE

Pannonischer Raum

Die wichtigsten Vorbilder für meine Pflanzkonzepte sind das Nordburgenland mit seinen artenreichen Trocken- und Halbtrockenrasen. Viele der dort vorkommenden Stauden sind äußerst spannend und finden daher zunehmend ihren Platz in der modernen Gartengestaltung. Viele dieser Pflanzen begleiten mich schon seit meiner Kindheit – sie sind genügsam, anpassungsfähig und wenig anspruchsvoll, was Nährstoffe und Wasserzufuhr betrifft. Langsam, aber stetig finden diese robusten Überlebenskünstler ihren Weg in unsere Gärten, was eine erfreuliche Entwicklung ist, nachdem in den letzten Jahrzehnten fast ausschließlich auf exotische Pflanzen gesetzt wurde.

Trockenrasen am Westufer des Neusiedler Sees, Burgenland/Österreich.

Mediterraner Raum

Eine der bedeutendsten Regionen der Pflanzenwelt ist die mediterrane Zone. Viele unserer beliebtesten Gartenstauden haben ihren Ursprung in diesem Kulturraum. Lavendel, Heilsalbei oder Rosmarin sind heute in fast jedem Garten zu finden. Während Rosmarin in meiner Kindheit dem Winter zum Opfer fiel, übersteht er ihn heute problemlos – ein Zeichen des Klimawandels und deren Anpassung vieler Arten daran.

Zudem liegt der mediterrane Raum nicht weit entfernt vom deutschsprachigen Raum, und viele wärmeliebenden Insekten siedeln sich mittlerweile nördlich der Alpen an. Ein gutes Beispiel dafür ist die Europäische Gottesanbeterin *Mantis religiosa* oder die Große Holzbiene *Xylocopa violacea*, die heute auch nördlich der Alpen immer häufiger anzutreffen ist.

Nordamerikanische Prärie

Viele spannende und zugleich trockenheitsverträgliche Pflanzen stammen aus der nordamerikanischen Prärie. Allerdings lohnt es sich, hier genauer hinzusehen, denn Prärie heißt nicht gleich trocken. Es gibt verschiedene Prärie-Typen, die sich in Klima und Feuchtigkeit stark unterscheiden. Daher kann es durchaus sinnvoll sein, seinen nordamerikanischen «Schätzen» von Zeit zu Zeit eine Extraportion Wasser zu gönnen.

KLIMAWANDEL

Der Klimawandel ist ein Faktum, das sich zunehmend spürbar auf Vegetation und Gartenkultur auswirkt. Schneereiche Winter sind in meiner Heimat inzwischen zu seltenen Ereignissen geworden. Zugegeben, früher waren sie auch nicht besonders häufig, doch Temperaturen von −10 °C bis −15 °C traten regelmäßig auf. In den letzten Jahren fiel die Temperatur in meinem Garten jedoch nur noch selten unter −9 °C. Viele Pflanzen, insbesondere Xerophyten oder sogar Palmen, die vor 30 Jahren hier noch undenkbar gewesen wären, gedeihen heute problemlos im Freien.

Winterhärte

Temperatur und Trockenheit

Einige der in diesem Buch vorgestellten Pflanzen sind sehr kälteresistent, jedoch muss Kälte immer in Kombination mit Trockenheit betrachtet werden. Ein gutes Beispiel sind Feigenkakteen: Sie überstehen Temperaturen von bis zu −40 °C, allerdings nur bei absoluter Trockenheit! Nässe im Winter hingegen führt rasch zu Fäulnis und damit zum Absterben der Pflanze.

Deshalb sollte im Garten stets auf die Bodenbeschaffenheit, aber auch auf das Mikroklima geachtet werden. Ein hilfreicher Indikator für geeignete Standorte sind Weingärten – wer dort lebt, kann vermutlich die meisten der hier angeführten Pflanzen erfolgreich kultivieren.

Historischer Wassertiefstand 2022 am Neusiedler See, Burgenland/Österreich

Erosion in der Landwirtschaft als Ergebnis der Trockenheit

Mikroklima

Standort im Garten

Die meisten der hier vorgestellten Pflanzen bevorzugen warme, sonnige und geschützte Plätze im Garten. Zugleich lieben viele Insekten solche Plätze. Daher ist die Kombination aus Wärme, Windstille und reichhaltigem Nahrungsangebot ideal – sowohl für die Pflanzen als auch für ihre Bestäuber.

Sonnenfalle

Eine Sonnenfalle ist ein Bereich im Garten, der besonders intensiv von der Sonne bestrahlt wird und dadurch ein eigenes, wärmeres Mikroklima ausbildet. Solche Bereiche entstehen oft ganz natürlich, können aber auch gezielt geschaffen oder verstärkt werden. Am besten orientiert man sich dabei an den Himmelsrichtungen und nutzt Flächen, die nach Süden oder Südwesten ausgerichtet sind. Eine leichte Hanglage oder geneigte Flächen verstärken diesen Effekt zusätzlich. In meinem eigenen Garten habe ich über mehrere Jahre hinweg Temperaturmessungen an verschiedenen Standorten durchgeführt. Das Ergebnis war beeindruckend: Temperaturunterschiede von 20 °C zwischen den kältesten und wärmsten Punkten waren keine Seltenheit: ein Beweis dafür, wie stark ein Mikroklima die Standortbedingungen beeinflussen kann.

MESOKLIMA UND PANNONISCHES KLIMA

Mesoklima

Unter einem Mesoklima versteht man ein regional begrenztes, großräumiges Klima, das durch bestimmte geografische oder strukturelle Gegebenheiten beeinflusst ist, zum Beispiel durch Seen, Wälder oder Städte. Typisch ist der sogenannte «Urban Heat Island Effekt» – die städtische Wärmeinsel. Durch dichte Bebauung, versiegelte Flächen und fehlende Durchlüftung staut sich die Wärme, weshalb die Temperaturen im Stadtgebiet deutlich höher liegen als im Umland. Diese Überhitzung wirkt sich stark auf die Vegetation aus: Straßenbäume geraten zusehends unter Hitzestress, verlieren ihre Vitalität und sterben häufig frühzeitig ab.

Doch Mesoklima kann auch positive Effekte haben: Die Nähe zu einem See oder Fluss kann Temperaturspitzen abmildern, Luftfeuchtigkeit erhöhen und damit pflanzenfreundlichere Mikrobedingungen schaffen.

Pannonisches Klima

In meiner Heimatregion und in meinem Erfahrungsgebiet als Gartengestalter bin ich stark durch das pannonische Klima geprägt. Dieses erstreckt sich von Ostösterreich über Tschechien, die Slowakei, Ungarn bis nach Rumänien und Serbien. Es zeichnet sich durch geringe Niederschläge (400–750-mm/Jahr), aber auch durch häufige Winde in Kombination mit heißen, trockenen Sommern und oft kalten Wintern aus. Viele der heute als «Klimabäume» propagierte Arten verwende ich bereits seit mehr als 20 Jahren, da die Klimaveränderungen im pannonischen Raum deutlich früher spürbar wurden als in vielen anderen Regionen Europas.

INSEKTEN

Nahrung, Lebensweise und Überwinterung

Nahrung

Adulte Tag- und Nachtfalter brauchen in ihrer Nahrung Mineralien, um zu Kräften zu kommen und dabei sind sie nicht wählerisch. Ob Blut, Urin, Schweiß, Kot oder «mud-puddling», das Schlürfen von mineralhaltigem Schlamm, jede geeignete Quelle wird genutzt. Besonders im Gemüsegarten finden sich ideale Bedingungen dafür: Offene Böden in Kombination mit Feuchtigkeit schaffen perfekte Möglichkeiten für das Schlammschlürfen. Auch Baumsaft-Ausflüsse, zum Beispiel an Kirschbäumen, werden gerne besucht, besonders vom Admiral *Vanessa atalanta*.

Aufnahme von Mineralien an einer Losung

Natürlich kann man durch gezielte Pflanzenauswahl versuchen, bestimmte Insektenarten anzulocken, zum Beispiel durch Nektar- und Pollenpflanzen. Man sollte sich jedoch nicht entmutigen lassen, wenn das nicht immer gelingt. Mein Grundsatz lautet: «Ich decke den Tisch, und wer kommt, ist herzlich willkommen.»

Man kann sich gut an der umgebenden Landschaft orientieren: Welche Biotope oder Naturschutzgebiete liegen in der Nähe? Oft reicht es, diese Strukturen nachzuahmen, um neue Lebensräume zu schaffen. Mein eigener Garten liegt inmitten von Trockenrasenflächen und unser Naturpool dient vielen Insekten als wichtige Wasserquelle. So konnte ich im Laufe der Jahre eine Vielzahl unterschiedlicher Tiere im Garten entdecken und mich an ihrem Anblick erfreuen.

Überwinterung im Garten

Das Überwinterungsverhalten von Insekten ist äußerst vielfältig. Circa zwei Drittel unserer heimischen Wildbienen nisten in offenen Sandböden oder Sandwänden, das übrige Drittel nutzt Totholz oder abgestorbene Pflanzenstängel.

Daher sollte man immer darauf achten, im Garten nicht alles penibel wegzuräumen und zum Beispiel beim Zurückschneiden von Stauden im Frühling am besten einen Teil des Schnittgutes liegenlassen. Ich sammle selbst Pflanzenteile in verschiedenen Kübeln, um den darin befindlichen Wildbienen das Schlüpfen zu einem späteren Zeitpunkt zu ermöglichen. Für bodennistende Arten bietet sich ein Sandarium an, mindestens 50 cm tief, gefüllt mit lehmhaltigem, ungewaschenem Sand. Auch Trockensteinmauern mit ihren Hohlräumen sind willkommene Unterschlupfmöglichkeiten für viele Falter, sei es im Winter oder nur bei kurzzeitigen Schlechtwetterphasen. Offene Scheunen oder Holzlagerplätze werden gerne als Rückzugsorte genutzt.

Bei den Schmetterlingen sind die Strategien für die Überwinterung besonders vielfältig: Einige Arten überdauern als Ei, Puppe oder Raupe, andere sogar als erwachsene Falter. Der Zitronenfalter *Gonepteryx rhamni* zum Beispiel kann mithilfe einer Art «Frostschutzlösung» bis – 20 °C überstehen.

Benjes-Hecke

Diese natürlichen Bohrlöcher bieten Insekten Unterschlupf.

BÖDEN

Mineralischer Boden

Der Boden ist das Fundament jeder gesund wachsenden Pflanze und damit der Garant für ein gelungenes Staudenbeet. Viele der Überlebenskünstler unter meinen ausgewählten Pflanzen haben eine Pfahlwurzel, zum Beispiel die Königskerze. Es ist daher nicht verwunderlich, dass diese Pflanzen im ersten Jahr als Rosette verharren und ihre Energie in den Aufbau einer kräftigen Wurzel investieren, bevor sie im zweiten Jahr ihre volle Pracht entfalten. Wächst eine Pflanze jedoch in undurchdringlichem, verdichtetem Lehm, ist ihr Entwicklungspotenzial stark eingeschränkt – das Wachstum ist zwangsläufig zum Scheitern verurteilt.

Der mineralische Aufbau von Trockenstaudenbeeten

Für ein dauerhaft stabiles und trockenheitsverträgliches Beet sollte die Bodenmischung aus circa zwei Dritteln mineralischem Anteil und circa einem Drittel humosem Anteil bestehen. Der mineralische Anteil sollte möglichst im basischen Bereich liegen, da viele der hier verwendeten Arten aus kalkreichen Regionen wie dem pannonischen oder mediterraner Raum stammen.

Durch den hohen mineralischen Anteil bleibt der Boden durchlässig und sorgt für eine optimale Drainage. So entstehen ideale Bedingungen für die ausgewählten Pflanzen, während das Aufkeimen konkurrenzstarker Beikräuter verhindert wird.

Trockenrasen

Trockenrasen zeichnen sich durch mineralische Böden, aber auch durch Freiflächen mit kaum verholzendem Bewuchs, Trockenheit, in Kombination mit intensiver Sonnenbestrahlung und häufiger Windeinwirkung aus. Zwar sind in diesen Böden oft ausreichend Nährstoffe, doch aufgrund des Wassermangels sind sie für viele Pflanzen nicht verfügbar.

Magerrasen

Magerrasen weisen ähnliche Bedingungen auf wie Trockenrasen, sind jedoch tatsächlich nährstoffarm. Der geringe Nährstoffhaushalt verhindert das Wachstum vieler Gehölze oder hemmt es stark. Der Übergang zwischen Trocken- und Magerrasen ist fließend und nicht immer leicht zu unterscheiden.

Anthropogene Trockenrasen – Entstehung und Pflege

Viele der heute in Mitteleuropa vorkommenden Trockenrasen sind anthropogenen Ursprungs. Diese Flächen waren für die Landwirtschaft oft ungeeignet und wurden daher beweidet. Wichtig war dabei der tägliche, abendliche Abtrieb der Tiere ins Dorf. Dort verrichteten sie ihre Notdurft und entzogen damit den beweideten Flächen langfristig Nährstoffe – eine Entmagerung der Trockenrasen ging vonstatten. Günstig ist das gemeinsame Weiden von Schafen, Ziegen, Kühen und Pferden, da diese Tiere die Bodenoberfläche jeweils unterschiedlich stark stören, sei es durch ihr Fressverhalten oder die Bodenveränderungen durch ihre Hufe oder Klauen. Durch diese Störung der Oberfläche können sich auf dem offenen Boden kurzlebige Archäophyten ansiedeln.

LEBENSRAUM FÜR INSEKTEN

Ökologie

Insekten als Basis ökologischer Systeme

In der Nahrungspyramide, bestehend aus Produzenten (Pflanzen) und Konsumenten (Insekten, Hasen, Rehe, Wildschweine, Füchse, ...), nehmen Insekten eine zentrale Schlüsselrolle ein. Einerseits sind sie wichtige Bestäuber, andererseits aber auch Samenverbreiter, zum Beispiel Ameisen durch Myrmekophilie. Viele unserer liebgewonnenen Pflanzen sind auf die Mithilfe von Ameisen angewiesen, wie zum Beispiel *Galanthus-*, *Hepatica-*, *Adonis-* oder *Viola-*Arten. Gleichzeitig sind Insekten unverzichtbar für die Ernährung vieler anderer Arten: Zum Beispiel sind Raupen eine wichtige Proteinquelle für Jungvögel und unzählige Insekten stehen auf dem Speiseplan von Amphibien, Reptilien, Kleinsäugern und Fledermäusen.

Trittsteinbiotope

Viele heimische Trockenrasen sind in den letzten Jahrzehnten stark unter Druck geraten. Die Ursachen dafür sind unter anderem fehlendes oder unzureichendes Pflegemanagement, die zunehmende Verbauung und Flächenversiegelung, Einflüsse der Landwirtschaft sowie die Ausbreitung sogenannter *invasive Neophyten*. Besonders problematisch ist dabei die Gewöhnliche Robinie *Robinia pseudoacacia*. Mithilfe von Knöllchenbakterien reichert sie den Boden mit Stickstoff an. Durch diesen Anstieg von Nährstoffen haben die Vertreter von Trockenrasen (S-Strategen, siehe Seite 21) immer weniger Platz zum Wachsen, da K-Strategen an Nährstoffe besser angepasst sind und die S-Strategen auf Dauer verdrängen.

Abgestorbene Triebe bieten Insekten Unterschlupf.

Durch die Bildung kleiner Baumgruppen der Scheinakazie geraten Naturschutzgebiete stark unter Druck und werden immer kleiner. Die Folge sind schrumpfende Insektenpopulationen, wodurch es zu Inzucht kommt. Deshalb ist eine Vernetzung von Lebensräumen unverzichtbar. Gärten können dabei als Trittsteinbiotope dienen. Wandernden Insekten wird so das Überbrücken größerer Distanzen ermöglicht.

Sandarien und Sandwände

In modernen Gärten fehlen oft offene Bodenstellen, da Beete abgedeckt, gemulcht oder vollständig bepflanzt sind. Doch genau solche offenen, mineralischen Bereiche sind für viele Arten überlebenswichtig. Zwei Drittel unserer heimischen Wildbienen nisten in offenen Sandböden oder in Sandwänden. Daher sollte man, ergänzend zu ihren Nahrungsquellen, den Nektar- und Pollenpflanzen, auch an deren Lebensraum denken und Niststrukturen in Form von Sandwänden oder Sandarien anbieten.

Totholz und Blütenstängel

Ein Drittel unserer Wildbienen nistet in Totholz oder in abgestorbenen Pflanzenstängeln. Darum ist es sinnvoll, Totholz und teilweise auch das Schnittgut im Garten zu belassen und Staudenstängel erst spät zu schneiden. (siehe auch Abschnitt «Überwinterung im Garten», Seite 18).

Wasser im Garten

Wasser ist nicht nur für Tier im Wasser, sondern auch für zahlreiche Insekten am Randbereich bedeutend. Viele seltene Arten sind regelmäßige Besucher an meinem Naturpool im Garten, wo sie trinken. Wichtig ist dabei ein flacher, natürlicher Uferbereich, der es den Tieren ermöglicht, das Wasser zu erreichen. Ein Gartenteich oder Schwimmteich schafft darüber hinaus perfekten Lebensraum für Amphibien.

Sonnenkinder

Insekten sind echte Sonnenliebhaber und im Schatten eher selten zu finden. Zwar gibt es auch Waldschmetterlinge wie den Schillerfalter oder den Kleinen Eisvogel, doch selbst diese bevorzugen lichte Bereiche, Waldränder oder Baumkronen.

STRATEGIETYPEN VON PFLANZEN

K-, S- und R-Strategen nach Grime

K-Strategen

K steht für konkurrenzfähig. Ein K-Stratege ist also besonders konkurrenzstark, langlebig und dauerhaft am gleichen Standort etabliert. Ein klassisches Beispiel ist die Eiche. Unter den Gräsern und Stauden ist diese Gruppe für die Gartengestaltung äußerst interessant, da sie sehr beständig ist. Sie sorgen also dafür, dass sich ein Staudenbeet nur sehr langsam verändert und dauerhafte «Bilder» entstehen. Der Nachteil ist, dass K-Strategen gleichbleibende Bedingungen benötigen und empfindlich auf Stressfaktoren, zum Beispiel Trockenheit, Staunässe oder Verdichtung, reagieren.

S-Strategen

S steht für Stresstoleranz. S-Strategen sind also Spezialisten für Stressbedingungen wie Hitze, Trockenheit, nährstoffarme Böden oder Schwemmbereiche in Auenlandschaften. Ein typischer Vertreter ist die Hauswurz *Sempervivum* mit enormer Hitzetoleranz und der Fähigkeit, extrem sparsam im Wasserverbrauch zu sein. Der Name *Sempervivum* = immer lebend beschreibt bereits ihre erstaunliche Anpassungsfähigkeit.

Für den Klimawandel sind S-Strategen ausgesprochen wertvoll, denn sie kommen mit Hitze und Trockenheit hervorragend zurecht – sofern sie nicht von starkwüchsigen K- oder R-Strategen verdrängt werden.

R-Strategen

R steht für ruderal. Nach Grime sind R-Strategen Pflanzen, die auf Störung angewiesen sind. Sie sind meist kurzlebig, oft ein- oder zweijährig, vagabundierend und besetzen rasch offene Nischen. Sie eignen sich hervorragend als Füller, um Lücken im Beet zu schließen, wo andere Pflanzen nicht glücklich werden. Aber Achtung: Viele R-Strategen besitzen ein hohes Ausbreitungspotenzial und können bei günstigen Bedingungen schnell wuchern – was zusätzliche Pflege erfordern kann.

Kombination der Strategietypen

K- und S-Strategen

Unter den von mir für dieses Buch ausgewählten Stauden und Gräsern lag der Fokus auf den K- und S-Strategen, weil diese Gruppen am besten für dauerhafte, stabile Staudenbeete geeignet sind. Sie sorgen für Struktur, Langlebigkeit, klimatische Robustheit und geringe Pflegeintensität.

S- und R-Strategen

Einige der von mir ausgewählten Pflanzen gehören zu den S- und R-Strategen. Sie vereinen die Stressresistenz der S-Gruppe mit der Dynamik der R-Gruppe. Diese Arten sind hervorragende Lückenfüller, ökologisch sehr wertvoll (zum Beispiel als Nektarquelle oder Nistmaterial für Insekten) und wichtig für die Dynamik eines Beetes.

Jedes Staudenbeet sollte einige kurzlebige Arten enthalten, um unvermeidliche Ausfälle natürlicher Pflanzenbestände zu überbrücken, Struktur- und Blühpausen auszugleichen und für lebendige, abwechslungsreiche Pflanzbilder zu sorgen.

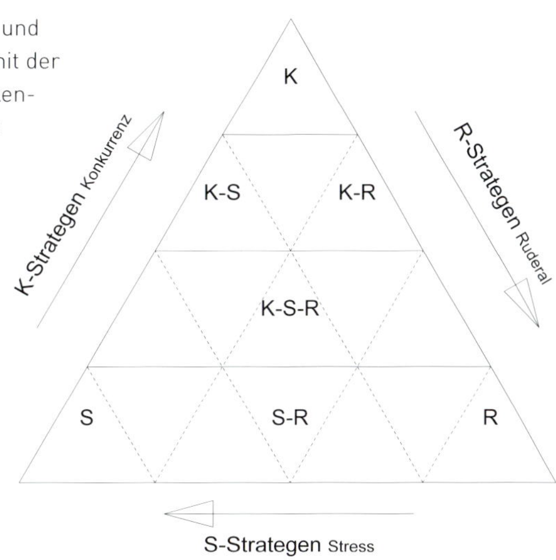

DAS STAUDENBEET

Mosaikbepflanzung

Die Mosaikbepflanzung orientiert sich am Erscheinungsbild eines natürlichen Mosaiks. Viele verschiedene Stauden, Gräser und Füllstauden werden ohne streng erkennbares System verteilt.

Unter den unterschiedlichen Pflanzmethoden ist dies für mich die geeignetste Form für moderne, klimaresistente Staudenbeete. Sie orientiert sich an natürlichen Vorbildern, wie Trocken- oder Magerrasen, und zeichnet sich durch hohe Artenvielfalt aus. Kleine Fehler oder Ausfälle werden rasch durch verwendete Füllerarten kompensiert, ohne dass das Gesamtkonzept leidet.

Leitstauden, Gerüststauden, bodendeckende Stauden

Ein ausgewogenes Staudenbeet besteht idealerweise aus einer Kombination von Leitstauden, Gerüststauden und bodendeckenden Stauden. Die **Leitstauden** sind die «Stars» im Beet, umrahmt von einem guten Gerüst, den **Gerüststauden**. Um das Aufkeimen von Beikräutern zu minimieren und die Pflege zu reduzieren, sind **bodendeckende Stauden** immens wichtig.

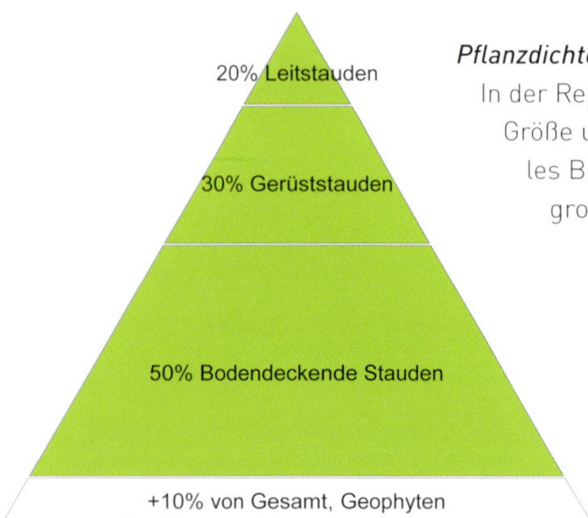

Pflanzdichte

In der Regel verwende ich 5–7 Pflanzen pro Quadratmeter, abhängig von der Größe und Form der Fläche (lang und schmal oder quadratisch). Ein schmales Beet entlang eines Weges benötigt oft andere Pflanzdichten als eine große, quadratische Fläche.

Aufteilung und Schlüssel

Grundsätzlich ist die Aufteilung von Leitstauden, Gerüststauden und bodendeckenden Stauden die richtige, denn sie schafft eine optimale Basis für Staudenbeete. Diese Einteilung ist jedoch flexibel. Bei sehr heißen, sonnigen und mineralisch gemulchten Beeten reduziere ich den Anteil der Bodendecker zugunsten von Leit- und Gerüststauden.

Mineralische Mulchung – ein Arbeitsschritt bei der Erstellung von Trockenstaudenbeeten.

Füllstauden

Füllstauden sind meist kurzlebig (ein- oder zweijährig). Sie schließen Lücken, wandern im Beet und bringen Leichtigkeit und Dynamik. Aber keine Angst vor dem «Kontrollverlust»: Viele dieser Arten sind wunderschön und werden nie zur Plage, wie zum Beispiel die Färberkamille oder Königskerzen. Ich empfehle in einem Staudenbeet einen Anteil von circa 1–5 % Füllstauden.

Geophyten

Geophyten sind unersetzlich – kein Beet kann und sollte ohne sie auskommen. Typische Vertreter dieser Gruppe sind Frühlingsblüher, die mit ihrem Speicherorgan (Zwiebel, Knolle, Rhizom) einen Vorteil gegenüber anderen Stauden haben und daher vor allem im zeitigen Frühling eine wichtige Nahrungsquelle für viele Insekten sind. Hier empfehle ich im Staudenbeet einen Anteil von circa 10 %. Es macht jedoch einen Unterschied, ob ich zum Beispiel die ausdauernde Bart-Iris *Iris barbarta-eliator* (Leitstaude) verwende, die permanent den Platz besetzt, oder die Netz-Iris *Iris reticulata* (Geopyht), die nach der Blüte wieder einzieht. Bei anderen Arten wiederum ist die Menge wichtig. Der Riesenlauch *Allium giganteum* wirkt schon in kleinen Gruppen, während man vom Kugelköpfigen Lauch *Allium sphaerocephalon* meist die doppelte oder dreifache Menge benötigt.

PFLEGE DES STAUDENBEETES

Ein gestaltetes Staudenbeet benötigt regelmäßige Pflege, um seine Langlebigkeit und das gewünschte Erscheinungsbild zu erhalten. Wenn der Mensch nicht durch Maßnahmen wie Rückschnitt, Teilung oder behutsame Pflegeeingriffe unterstützt, verändert sich das Bild eines Beetes oft rasch und entfernt sich zunehmend von der ursprünglichen Gestaltungsidee. Allerdings zerstören solche Eingriffe leider nicht selten Nester und Lebensräume verschiedenster Insekten. Darum sollte die Pflege so schonend wie möglich und in Etappen umgesetzt werden.

Schnittgut als Lebensraum
Ein Teil des Schnittgutes sollte immer im Garten verbleiben. So können die darin befindlichen Tiere zu einem späteren Zeitpunkt schlüpfen. Ebenso hilfreich ist ein aufmerksamer Blick vor dem Schnitt: Viele Gelege lassen sich direkt an den Pflanzen entdecken und sollten unbedingt stehen gelassen werden.

Schädling oder doch Nützling?

Viele unserer Insekten werden vorschnell als Schädlinge eingestuft und bekämpft. Dabei ist es vollkommen natürlich, dass sich die Raupe an Pflanzenteilen ernährt, und selbst wenn die Pflanze dadurch kurzfristig unansehnlich wird: Ist der Einsatz von Pestiziden diesen kurzfristigen ästhetischen Gewinn wert? Ein klassisches Beispiel sind Blattläuse. Befallene Pflanzen sehen oft schlimm aus und ich selbst werde in meinem Garten jedes Jahr aufs Neue auf die Probe gestellt. Doch ihre Zuckerausscheidungen sind eine wichtige Nahrungsquelle für viele adulte Falter und andere Insekten. Darum gilt:

Ohne Schädling kein Nützling!

Ich wünsche Ihnen nun viel Freude mit den kommenden Seiten und den vorgestellten Stauden, Gräsern und Geophyten. Diese Auswahl umfasst viele meiner Lieblingspflanzen: Sie sind Nahrungsquelle, Unterschlupf und Nistmaterial für viele zahlreiche, bedrohte Insekten und zugleich eine hervorragende Grundlage für zukunftstaugliche Staudenbeete in Zeiten von Hitze und Trockenheit. Mit der richtigen Pflanzenwahl lassen sich auch unter veränderten Klimabedingungen schöne, funktionierende und pflegeleichte Beete gestalten – ohne Kompromisse bei Ästhetik und Pflege.

HEILWIRKUNG UND KULINARIK

Heilwirkung

Im Zuge meine Ausbildung zum Kräuterpädagogen habe ich die Heilwirkung vieler unserer heimischen Wildpflanzen schätzen und lieben gelernt. Außerdem finde ich es sehr schade, dass Pflanzen häufig auf Blüte oder andere Merkmale reduziert werden, wo sie doch so viel mehr können. In meiner persönlichen Hausapotheke darf ein Johanniskraut-Öl von *Hypericum perforatum* oder getrocknete Blüten vom Echten Mädesüß *(Fillipendula ulmaria)* nicht fehlen.

Kulinarik

Ich würde mich eher als einen puristisch veranlagten Menschen beschreiben, der gerne kocht. Und bei Wildkräutern ist das für mich die perfekte Kombination. Wer einmal anstatt der Petersilie *(Petroselinum crispum)* die Schafgabe *(Achillea millefolium)* bei Butter-Erdäpfeln verwendet, wird meinen Enthusiasmus über deren Geschmack verstehen und warum mir diese zusätzliche Information in diesem Buch wichtig war.

Bärlauch *(Allium ursinum)*

Bärlauch-Öl

PFLANZEN-PORTRÄTS

SCHAFGARBE

Achillea millefolium

Höhe: 40 cm
Staudentyp: bodendeckende Staude
Standort: sonnig
Wasserbedarf: trocken
Boden: mineralisch
Strategie-Typ: S und R
Frost: winterhart

Achillea filipendulina 'Coronation Gold'

Achillea ptarmica 'The Pearl'

Achillea tomentosa

Unter den vielen Schafgarben-Sorten verwende ich noch immer am liebsten die weiße Form, da sie sehr langlebig ist. Bei vielen roten und orangenen Sorten konnte ich leider immer wieder nur das Gegenteilige feststellen, meist waren diese nach einigen Jahren verschwunden. Unter *Achillea filipendulina* sind die am häufigsten von mir verwendeten Sorten 'Coronation Gold' und die höher wachsende Sorte 'Credo'. Diese beiden plane ich sehr gerne ein, und nicht ohne Grund findet man sie häufig in Standard-Staudenmischungen vor. Bei 'Coronation Gold' ist mir manchmal die Aussaat etwas unangenehm aufgefallen und die Keimlinge sollten bei Pflegedurchgängen reduziert werden. Von der Struktur her finde ich den abgeblühten Teller der Blüte vor allem im Winter besonders reizvoll. *Achillea ptarmica* erträgt erstaunlicherweise viel Trockenheit und *Achillea tomentosa* sollte man eher auf Mauerkronen und ähnlichen Standorten verwenden, da sie ansonsten nicht zur Geltung kommen.

Beliebt bei

Tagfalter-Raupen
- *Achillea millefolium* Schafgarbe → **1 Art**

Nachtfalter-Raupen
- *Achillea millefolium* Schafgarbe → **50 Arten, davon 2 spezialisiert**
- *Achillea filipendulina* Goldgarbe und Sorten → **18 Arten**
- *Achillea ptarmica* Sumpf-Schafgarbe und Sorten → **20 Arten, davon 2 spezialisiert**
- *Achillea tomentosa* Gelbe Schafgarbe → **2 Arten**

Wildbienen (Pollen)
- *Achillea millefolium* Schafgarbe → **88 Arten, davon 13 spezialisiert**
- *Achillea filipendulina* Goldgarbe und Sorten → **53 Arten**
- *Achillea ptarmica* Sumpf-Schafgarbe und Sorten → **74 Arten, davon 13 spezialisiert**
- *Achillea tomentosa* Gelbe Schafgarbe → **53 Arten**

Hummeln
- *Achillea millefolium* Schafgarbe → **1 Art**
- *Achillea ptarmica* Sumpf-Schafgarbe und Sorten → **1 Art**

Kulinarik: *Achillea millefolium* eignet sich als Zutat für Salat, Aufstrich, Suppe, Sirup etc.

Heilwirkung: *Achillea millefolium* wirkt entzündungshemmend bei Magen- und Darmproblemen, hilft bei Nerven-, Kopf- und Zahnschmerzen u.v.m.

Raupe des Rainfarn-Mönchs

Rainfarn-Mönch
Cucullia tanaceti

Bivoltin, Flugzeit: IV bis VI und VII bis IX, polyphage Art, Flügelspannweite: 40–48 mm
Pflanze: *Achillea millefolium, A. filipendulina, A. Ptarmica*

Der polyphage Rainfarn-Mönch ist kein Kostverächter, das heißt, er frisst an verschiedenen Pflanzenarten. Seine Hauptnahrung sind jedoch Pflanzen aus der Gruppe der Korbblütler und Lippenblütler. Adult ist er eher unscheinbar, jedoch als Raupe wunderschön mit verschiedensten Farben, von schwarz, über gelb und grün. Der Falter kommt hauptsächlich im mediterranen Raum bis zum Iran vor und besiedelt dort häufig mineralische, sandige Böden. Dieser Nachtfalter wird ein Profiteur vom Klimawandel sein und sich mehr nördlich der Alpen ausbreiten.

ADONISRÖSCHEN

Adonis vernalis

Höhe: 10–40 cm
Staudentyp: Geophyt
Standort: sonnig
Wasserbedarf: trocken
Boden: mineralisch, kalkreich
Strategie-Typ: S
Frost: winterhart

Schneckenhausbiene

Zweifarbige Schneckenhausbiene
Osmia bicolor

Univoltin, Flugzeit: III bis VII, polyphage Art,
Länge: 10–11 mm
Pflanze: *Adonis vernalis*

Diese Wildbiene nistet sich in leeren Schneckenschalen ein, daher ihr Name. Sie errichtet darin einen Pollen- und Nektarvorrat, legt bis zu vier Eier in das Nest und verschließt es anschließend mit einem sogenannten Mörtel. Dieser besteht aus zerkauten Pflanzenteilen, aber auch aus Erde und Steinchen. Danach wird das Gehäuse mit der Öffnung nach unten gedreht und noch zusätzlich mit Gräsern und Sonstigem abgedeckt und getarnt. Insgesamt kann sie im Jahr bis zu sieben dieser Nester anlegen, aus denen im folgenden Frühling die Nachkommen schlüpfen.

Adonis, Gott der Schönheit und der Vegetation, ist der richtige Name für diese wunderschöne Pflanze. Dieses Hahnenfußgewächs begleitet mich schon seit meiner Kindheit. Es hält unglaublich gut Trockenheit aus, und ein Frühlingsstart ohne diese Blüte wäre ein wirklicher Verlust!

Beliebt bei

Wildbienen (Pollen)

- *Adonis vernalis* Adonisröschen → **18 Arten**

Besonderheit: Adonis vernalis hat keinen Nektar. ACHTUNG: stark giftig!

SCHNITTLAUCH

Allium schoenoprasum

Höhe: 25 cm
Staudentyp: bodendeckende Staude, Geophyt
Standort: sonnig
Wasserbedarf: trocken
Boden: mineralisch
Strategie-Typ: S und R
Frost: winterhart

Allium schoenoprasum 'Diva'

Allium sphaerocephalon

Allium flavum

Allium ursinum

Die Gruppe der Lauch- und Zierlauch-Arten finde ich einfach in jeder Bepflanzung als notwendig. Diese Gruppe versetzt mich regelmäßig in schöne Kindheitserinnerungen zurück.

Viele der Allium-Arten säen sich verlässlich im Garten aus, nur bei *Allium ursinum* sollte man etwas vorsichtiger sein, da er sehr schnell überhandnehmen kann. Oder man isst ihn einfach auf, macht Pesto oder Spinat daraus oder frittiert Blütenstände in Bierteig. Das schmeckt sehr gut!

Lauchmasken-Bienen in einer Blüte

Lauch-Maskenbiene
Hylaeus punctulatissimus

Univoltin, Flugzeit: VI bis VII, oligolektische Art, Länge: 6–9 mm
Pflanze: *Allium schoenoprasum, A. sphaerocephalon, A. ursinum*

Im Gegensatz zur Honigbiene, die eine polylektische Art ist, ist die Lauch-Maskenbiene eine sogenannte oligolektische Wildbiene, das heißt, sie ist ausschließlich auf verschiedene *Allium*-Arten spezialisiert. Die Weibchen benutzen verschiedene Nisthöhlen im Totholz, aber auch hohle Pflanzenstängel werden gerne besiedelt. Bei künstlichen Nisthilfen sollte für die Öffnung auf einen Durchmesser von mindestens 4 mm geachtet werden. Neben vielen anderen Lebensbereichen nutzt diese Wildbiene auch Siedlungsgebiete und dies wäre ein Grund mehr, Lauch im Garten zu verwenden.

Sehr gute Erfahrungen habe ich auch mit *Allium schoenoprasum* auf extensiven Dachgärten gemacht. Aber auch hier kann sich diese Pflanze stark aussäen. Eine Alternative dazu sind horstige Sorten wie *Allium schoenoprasum* 'Diva'.

Beliebt bei

Tagfalter-Raupen
- *Allium schoenoprasum* Schnittlauch und Sorten → **2 Arten**

Nachtfalter-Raupen
- *Allium schoenoprasum* Schnittlauch und Sorten → **2 Arten**
- *Allium sphaerocephalon* Kugelköpfiger Lauch → **1 Art, spezialisiert**

Wildbienen (Pollen)
- *Allium schoenoprasum* Schnittlauch und Sorten → **3 Arten, davon 1 spezialisiert**
- *Allium sphaerocephalon* Kugelköpfiger Lauch → **5 Arten, davon 1 spezialisiert**
- *Allium flavum* Gelber Lauch → **1 Art**
- *Allium ursinum* Bärlauch → **3 Arten, davon 1 spezialisiert**

Hummeln
- *Allium schoenoprasum* Schnittlauch und Sorten → **1 Art, spezialisiert**

Kulinarik: Fast alle *Allium*-Arten sind essbar!

Heilwirkung: *Allium oleraceum* gilt als Cholesterinsenker.

Besonderheit: *Allium ursinum* ist in größeren Mengen für Pferde, Hasen und Kaninchen giftig.

Aurinia saxatilis

Alyssum ist eines der ersten Feuerwerke im Garten und Wildbienen lieben diese Pflanze. Ich verwende sie sehr gerne als Bodendecker am Rand von Staudenbeeten. Außerdem vagabundiert sie gerne im Garten umher, ohne dabei wirklich lästig zu werden. Ich kann *Alyssum saxatile* wärmstens als Mauerkronenbepflanzung empfehlen, die mit schönen kompakten Polstern und einem satten Gelb besticht.

Beliebt bei

Tagfalter-Raupen
- *Alyssum montanum* Berg-Steinkraut → **5 Arten**
- *Alyssum saxatile* Felsen-Steinkraut → **3 Arten**

Nachtfalter-Raupen
- *Alyssum montanum* Berg-Steinkraut → **2 Arten, davon 1 spezialisiert**
- *Alyssum saxatile* Felsen-Steinkraut → **2 Arten, davon 1 spezialisiert**

Wildbienen (Pollen)
- *Alyssum montanum* Berg-Steinkraut → **7 Arten, davon 1 spezialisiert**
- *Alyssum saxatile* Felsen-Steinkraut → **4 Arten**

Raupe

Falter

Baumweißling ***Aporia crataegi***

Univoltin, Flugzeit: V bis VI, polyphage Art,
Flügelspannweite: 55–68 mm
Pflanze: *Alyssum montanum*

Wie die meisten Weißlinge und Gelblinge verschmäht auch der Baumweißling Kreuzblütler nicht, aber auch viele Gehölze gehören zu seinem Speiseplan, wie sein Name bereits verrät.

„Crataegi" leitet sich vom *Crataegus monogyna*, dem Eingriffeligen Weißdorn ab. In der Vergangenheit war der Baumweißling ein gefürchteter Schädling im Obstbau, der ganze Ernten vernichtete. Auch heute kommt der Tagfalter noch häufig vor und besticht nach wie vor durch seine Schönheit.

Kulinarik: Das Berg-Steinkraut ist zwar nicht besonders wohlschmeckend, jedoch für Salate, Suppen etc. geeignet.

BERG-STEINKRAUT

Alyssum montanum

Höhe: 15 cm
Staudentyp: bodendeckende Staude
Standort: sonnig
Wasserbedarf: trocken
Boden: mineralisch, kalkhaltiger Boden
Strategie-Typ: S und R
Frost: winterhart

Stängel-Blattschneiderbiene

Stängel-Blattschneiderbiene
Megachile genalis

Univoltin, Flugzeit: VI bis VII, polylektische Art,
Länge: 11–13 mm
Pflanze: *Anaphalis triplinervis*

Oft verbergen sich in der Namensgebung bereits Hinweise auf spezielle Nahrungsquellen, Unterscheidungsmerkmale zu ähnlichen Arten oder wie hier, auf den Lebensraum.

Die Stängel-Blattschneiderbiene bevorzugt es, ihre Nester in hohle oder markhaltige Stängel, wie zum Beispiel die der Königskerze, zu legen, dabei nagt sie bis zu 8 mm große Löcher, die als Eingänge dienen. Deshalb ist es sehr wichtig, diese Stängel bei der Gartenpflege über mehrere Jahre stehen zu lassen, denn vom Einrichten des Nestes bis zum Schlüpfen der Brut vergehen mindestens drei Jahre.

Anaphalis triplinervis 'Silver Wave'

Dieser asiatische Korbblütler lässt bereits an seinen silbernen, behaarten Blättern seine Trockenheits- und Sonnenverträglichkeit erahnen. Übrigens leitet sich der Namensteil „*triplinervis*" von den drei gut erkennbaren Adern am Blatt ab.

Ich mag diese Pflanze sehr gerne in silbernen Blütenstaudenbeeten, wobei die Sorte 'Silver Wave' mehr Silber aufweist als die Sorte 'Silberregen'. Außerdem ist sie eine richtig gute Gerüststaude, die für Fülle in Beeten sorgt.

Beliebt bei
Wildbienen (Pollen)

- *Anaphalis triplinervis* Perlkörbchen und Sorten → **46 Arten**

PERLKÖRBCHEN

Anaphalis triplinervis

Höhe: 35 cm
Staudentyp: Gerüststaude
Standort: sonnig
Wasserbedarf: trocken, mittel
Boden: mineralisch, kalkhaltiger Boden
Strategie-Typ: S
Frost: winterhart

FÄRBERKAMILLE

***Cota tinctoria* (Syn. *Anthemis tinctoria*)**

Höhe: 45 cm
Staudentyp: Gerüststaude, Füllstaude
Standort: sonnig
Wasserbedarf: trocken
Boden: mineralisch, durchlässig humos
Strategie-Typ: S und R
Frost: winterhart

Wie der deutsche Name bereits verrät, wurde diese Kamille in früheren Zeiten zum Färben von Wolle und Leinen verwendet. Leider ist sie sehr kurzlebig und angewiesen auf gestörte Oberflächen, um sich verlässlich wieder auszusäen. Nichtsdestotrotz überzeugt die Pflanze mit einem wunderbar gelben Feuerwerk im Sommer, wenn sie blüht. Wer das typische Dottergelb vielleicht nicht so gerne mag, dem möchte ich die helle Variante 'Sauce Hollandaise' ans Herz legen.

Beliebt bei

Nachtfalter-Raupen

- *Anthemis tinctoria* Färberkamille und Sorten → **6 Arten, davon 2 spezialisiert**

Wildbienen (Pollen)

- *Anthemis tinctoria* Färberkamille und Sorten → **74 Arten, davon 11 spezialisiert**

Hummeln

- *Anthemis tinctoria* Färberkamille und Sorten → **1 Art**

Anthemis tinctoria 'Sauce Hollandaise'

Furchenbiene

Sandrasen-Furchenbiene
Halictus leucaheneus

Univoltin, Flugzeit: IV bis IX, polylektische Art,
Länge: 7–8 mm
Pflanze: *Anthemis tinctoria*

Furchenbienen bauen ihre Nistgänge meist bis zu 60 cm tief in ebenen Böden, wo diese Röhren in eine runde Kammer münden. Dabei haben sie verschiedenste Taktiken gegen Feuchtigkeit entwickelt, wie zum Beispiel, dass die Brutzelle mit einem wasserabweisenden Sekret ausgekleidet wird. Zusätzlich werden neben den Zellen Hohlräume geschaffen, um diese vor Feuchtigkeit zu schützen.

Kulinarik: Die Blüten der Färberkamille sind essbar, zum Beispiel zum Einlegen; ihre Blätter eignen sich für Kräuterbutter.

ÄSTIGE GRASLILIE

Anthericum ramosum

Höhe: 60 cm
Staudentyp: Geophyt
Standort: sonnig, halbschattig
Wasserbedarf: trocken
Boden: mineralisch, durchlässig humos
Strategie-Typ: S und K
Frost: winterhart

Dickkopf-Furchenbiene, adult

Dickkopf-Furchenbiene
Halictus maculatus

Eusozial, Flugzeit: VI bis XI, polyphage Art,
Länge: 8–10 mm
Pflanze: *Anthericum ramosum*

Die Dickkopf-Furchenbiene ist eine eusoziale Bienenart, das heißt, sie gründet einen Bienen-Staat. Dabei legt sie mehrere Nester in bis zu 40 cm tiefen Röhren im Boden an. Und wer so viel Platz schafft, wird auch interessant für sogenannte Kuckucksbienen. Wie der Kuckuck nutzen auch verschiedene *Sphecodes* (Blutbienen) die „All-inklusiv-Unterkunft" mit all seinen Vorzügen, freiwillig oder unfreiwillig. Dies hat auch der den Wespen optisch ähnlichen Biene ihren Namen eingebracht, denn sie schreckt nicht davor zurück, die bestehende Brut der Furchenbiene, aber auch die am Eingang als Wache stehenden Arbeiterinnen zu töten. Danach legt sie in die fertigen Nester ihre Eier ab und verschließt den Eingang, als sei nie etwas gewesen.

Anthericum ramosum ist ein typischer Vertreter in unseren heimischen Trockenrasen im Osten Österreichs und läutet mit seinen filigranen Blüten den Sommer stets aufs Schönste ein. Der wesentliche Unterschied zu *Anthericum liliago* ist der etwas höhere Wuchs. *A. liliago* hat zudem filigranere, verzweigte Blütenstände.

In Kombination mit Federgras lässt sich hier ein wunderschönes, naturalistisches Bild zaubern.

Beliebt bei

Nachtfalter-Raupen

- *Anthericum ramosum* Ästige Graslilie → **2 Arten, davon 2 spezialisiert**
- *Anthericum liliago* Traubige Graslilie → **2 Arten, davon 2 spezialisiert**

Wildbienen (Pollen)

- *Anthericum ramosum* Ästige Graslilie → **2 Arten**
- *Anthericum liliago* Traubige Graslilie → **1 Art**

Besonderheit: *Anthericum ramosum* ist leicht giftig.

Anthericum liliago

STRAND-GRASNELKE

Armeria maritima

Höhe: 15 cm
Staudentyp: bodendeckende Staude
Standort: sonnig
Wasserbedarf: trocken, mittel
Boden: mineralisch, durchlässig, humos
Strategie-Typ: S und K
Frost: winterhart

Armeria maritima 'Düsseldorfer Stolz'

Armeria maritima 'Alba'

Adult

Grasnelken-Glasflügler
Pyropteron muscaeformis

Univoltin, Flugzeit: VI bis VII, monophage Art,
Flügelspannweite: 15–18 mm
Pflanze: *Armeria maritima*

Wie es der deutsche Name bereits verrät, sind die Flügel dieses tagaktiven Falters transparent. Zum Schutz vor Fressfeinden hat dieses Tier eine sogenannte Mimikry entwickelt, das heißt, sie ähnelt Wespen- oder Bienen-Arten, um so eine gewisse Gefährlichkeit vorzutäuschen und so zu überleben.

Armeria juniperifolia

Diese Pflanze ist, leider etwas zu Unrecht, wie ich finde, aus der Mode gekommen.

Es gibt kaum eine Pflanze, die so viel Streusalz und Trockenheit aushält. Es ist eines der wenigen Stauden, die ich 2010 in einem Verkehrsteiler ausgepflanzt habe und die bis heute noch lebt. Als eine meiner Lieblinge hat sich 'Düsseldorfer Stolz' etabliert, da sie mit kräftigem Pink am Boden eines Beetes auf sich aufmerksam macht. Und wer eine weiße Alternative sucht, dem kann ich *Armeria maritima* 'Alba' empfehlen.

Der einzige Nachteil dieser Pflanze ist, dass sie aus der Mitte heraus vergreist und von Zeit zu Zeit geteilt und neu gepflanzt werden sollte. Auch für Spaltgärten oder Trockensteinmauern gibt es einen wunderbaren Vertreter unter ihnen, und zwar *Armeria juniperifolia.*

Beliebt bei
Nachtfalter-Raupen
- *Armeria maritima* Strand-Grasnelke und Sorten → **3 Arten, davon 1 spezialisiert**
- *Armeria juniperifolia* Zwerg-Grasnelke → **1 Art**

Wildbienen (Pollen)
- *Armeria maritima* Strand-Grasnelke und Sorten → **1 Art**

Kulinarik: Die Blüten der Strand-Grasnelke sind essbar (roh oder kandiert), die Pflanze selbst ist jedoch leicht giftig.

Heilwirkung: Ein Tee aus getrockneten Grasnelkenblüten soll harntreibend wirken.

Artemisien sind tolle Pflanzen, vor allem *Artemisia ludoviciana* 'Silver Queen' oder 'Valerie Finnis', die mit ihrem silbrigen Laub für geniale Kontraste sorgen. *Artemisia vulgaris*, der Beifuß, ist jedoch höchst allergen und so würde ich ihn nur mit Bedacht verwenden!

Außerdem ist Beifuß häufig sehr ungezähmt in seinem Wachstum und neigt zum Wuchern. Eine gute Alternative ist daher *Artemisia schmidtiana* oder, noch kleiner, die Sorte *A. schmidtiana* 'Nana'. Ich habe diese auf einer Mauerkrone in Richtung Süden ausgepflanzt, wo ich sie trotz ihrer Trockenheitsverträglichkeit einige Male im Jahr etwas gießen muss.

Beliebt bei

Tagfalter-Raupen

- *Artemisia ludoviciana* Hohe Edelraute und Sorten → **2 Arten**
- *Artemisia vulgaris* Beifuß → **1 Art**

Nachtfalter-Raupen

- *Artemisia ludoviciana* Hohe Edelraute und Sorten → **29 Arten**
- *Artemisia vulgaris* Beifuß → **47 Arten, davon 10 spezialisiert**
- *Artemisia schmidtiana* Kurilen-Beifuß und Sorten → **25 Arten, davon 3 spezialisiert**

Wildbienen (Pollen)

- *Artemisia ludoviciana* Hohe Edelraute und Sorten → **51 Arten**
- *Artemisia vulgaris* Beifuß → **69 Arten, davon 12 spezialisiert**
- *Artemisia schmidtiana* Kurilen-Beifuß und Sorten → **51 Arten, davon 9 spezialisiert**

Kulinarik: *Artemisia absinthum* eignet sich zur Herstellung von Kräuterlikör und Schnaps, *Arthemisia vulgaris* für Salate oder als Würze.

Heilwirkung: *Artemisia absinthum* wirkt appetitanregend, lindert Menstruationsbeschwerden und ist gut für die Bauchspeicheldrüse. *Artemisia vulgaris* hilft als Teeaufguss oder in einem Fußbad bei Nervosität und Schlafstörungen. ACHTUNG: Keine Anwendung bei Schwangeren!

HOHE EDELRAUTE

***Artemisia ludoviciana* 'Silver Queen'**

Höhe: 70 cm
Staudentyp: Gerüst- und Leitstaude
Standort: sonnig
Wasserbedarf: trocken
Boden: mineralisch
Strategie-Typ: S und R (ausläufertreibend)
Frost: winterhart

Artemisia vulgaris

Artemisia schmidtiana

Raupe

Falter

Distelfalter
Vanessa cardui

Bivoltin, Flugzeit: VI bis VIII und IX bis X, polyphage Art, Flügelspannweite: 45–60 mm
Pflanze: *Artemisia ludoviciana, A. vulgaris*

Einer der bekanntesten Wanderfalter weltweit ist der Amerikanische Monarchfalter, der jedes Jahr zu Abermillionen von Südamerika in den Norden und zurück aufbricht.

Die weniger bekannte europäische Variante ist der Distelfalter und der mit ihm eng verwandte Admiral. *Vanessa cardui*, so der wissenschaftliche Name, ist ein echter Wanderfalter, der jedes Jahr die weite Reise von Afrika nach Europa antritt. Jedoch schaffen viele dieser bemerkenswerten Tiere die Überquerung über die Alpen leider nicht und verenden häufig aufgrund der Witterung, vor allem Ende des Sommers.

Nicht endgültig geklärt ist noch immer, wie sich diese Tiere orientieren. Man geht davon aus, dass sie sich am Sonnenstand, aber auch am Erdmagnetfeld orientieren. Bei kürzeren Strecken sind diese Falter imstande, Landmarken als Orientierungshilfe zu nutzen, und können somit Abweichungen, zum Beispiel durch Wind, erfolgreich korrigieren.

Artemisia ludoviciana 'Valerie Finnis'

Artemisia schmidtiana 'Nana'

ALPEN-ASTER

Aster alpinus

Höhe: 20 cm
Staudentyp: Gerüststaude
Standort: sonnig
Wasserbedarf: trocken, mittel
Boden: mineralisch, durchlässig humos, kalkreich
Strategie-Typ: S und K
Frost: winterhart

Astern sind eine meiner Lieblingspflanzen und es gibt kaum eine Planung von mir, in der ich sie nicht berücksichtige.

Aster alpinus steht stellvertretend für die vielen Arten und Sorten. Besonders hervorheben möchte ich *Aster alpinus* 'Albus' und *A. alpinus* 'Dunkle Schöne'.

Aster alpinus ist schön kompakt und einer der ersten Blüher im Mai. Aber auch *Aster amellus* ist eine sehr gute Wahl für denjenigen, der ein umfangreiches Farbspektrum im August und September sucht. Hierbei finde ich *Aster amellus* 'Veilchenkönigin' und die hellere Variante *A. amellus* 'Rosa Erfüllung' sehr schön, oder die Sorte 'Kassel' mit ihren kräftigen Farben bis weit in den Herbst hinein.

Galatella linosyris (Syn. *Aster linosyris*) ist eine meiner heimischen Lieblingspflanzen. Hier sollte man darauf achten, dass das vorhandene Substrat nicht zu nährstoffreich ist, da sie sonst zu hoch wird und umfällt. Ansonsten sind alle *Aster*-Arten ein Bienen- und Schmetterlingsmagnet. Vor allem alle überwinternden adulten Insekten laben sich noch vor der kalten Jahreszeit an ihnen.

Beliebt bei

Nachtfalter-Raupen
- *Aster alpinus* Alpen-Aster und Sorten → **6 Arten**
- *Aster amellus* Berg-Aster und Sorten → **8 Arten, davon 2 spezialisiert**
- *Aster (Galatella) linosyris* Gold-Aster → **6 Arten**

Wildbienen (Pollen)
- *Aster alpinus* Alpen-Aster und Sorten → **72 Arten, davon 12 spezialisiert**
- *Aster amellus* Berg-Aster und Sorten → **71 Arten, davon 12 spezialisiert**
- *Aster (Galatella) linosyris* Gold-Aster → **70 Arten, davon 12 spezialisiert**

Hummeln
- *Aster amellus* Berg-Aster und Sorten → **1 Art**
- *Aster (Galatella) linosyris* Gold-Aster → **1 Art**

Kulinarik: Die Blüten und Blätter von *Aster alpinus* eignen sich für Salate, Tee usw.

Heilwirkung: *Aster alpinus* wirkt entzündungshemmend bei Magen- und Darmproblemen, hilft bei Nerven-, Kopf- und Zahnschmerzen u.v.m.

Aster alpinus 'Albus'

Aster alpinus 'Dunkle Schöne'

Aster amellus 'Veilchenkönigin'

Aster linosyris 'Gold-Aster'

Aster amellus 'Kassel'

Adult

Goldaster-Seidenbiene
Colletes collaris

Univoltin, Flugzeit: VIII bis XI, oligolektische Art (Korbblütler), Länge: 7–16 mm
Pflanze: *Aster amellus, A. dumosus, A. linosyris*

Auch wenn der Name Goldaster etwas anderes vermuten lässt, hat diese oligolektische und solitär lebende Wildbiene eine Schwäche für viele Korbblütler. Ihren Namen verdankt die Seidenbiene zudem einer Drüse, mit der die Weibchen eine seidenähnliche Substanz zur Auskleidung ihrer Brutzellen herstellen.

Aster amellus 'Rosa Erfüllung'

Diesen unerschütterlichen Pfahlwurzler verwende ich – zu meiner Schande – noch nicht allzu lange. Zum einen liegt das am schwierigen Erwerb, zum anderen braucht es in einem Gärtnerleben manchmal seine Zeit, bis man den wahren Wert einer Pflanze erkennt. Diese tolle, kriechende und unermüdlich blühende Blütenstaude kann ich nur jedem Schmetterlingsfreund ans Herz legen. Die Falterarten Gelbling und Bläuling lieben diese Pflanze!

Beliebt bei

Tagfalter-Raupen

- *Astragalus onobrychis* Esparsetten-Tragant → **7 Arten**

Nachtfalter-Raupen

- *Astragalus onobrychis* Esparsetten-Tragant → **3 Arten, davon 2 spezialisiert**

Wildbienen (Pollen)

- *Astragalus onobrychis* Esparsetten-Tragant → **48 Arten, davon 19 spezialisiert**

Hummeln

- *Astragalus onobrychis* Esparsetten-Tragant → **7 Arten**

Kulinarik: *Astragalus glycphyllos* ist essbar.

Bläulinge und Ameisen

Etwa zwei Drittel der lebendenden Bläulinge haben eine sogenannte myrmekophile Lebensweise, das heißt, sie leben mit oder manche sogar von verschiedenen Ameisenarten, wie beispielsweise den Knotenameisen. Des Weiteren sind viele der wunderschönen blauen, gelben, aber auch braunen und roten Tagfalter monophag, damit ist die Nahrung auf ein Gewächs beschränkt. Diese hochkomplexen Lebensformen, spezialisiert auf eine Pflanze in Kombination mit einer Ameisenart, zeigen deutlich auf, welche Spezialisten es unter ihnen gibt.

Adult, weiblich

Adult, Kopula

Silbergrüner Bläuling

Polyommatus coridon

Univoltin, Flugzeit: VI–VI, polyphage Art (myrmekophil – Ameisen), Flügelspannweite: 30–35 mm
Pflanze: *Astragalus onobrychis*

Der Silbergrüne Bläuling ist mit seiner Lebensweise ein Zeugnis davon, wie wichtig ein richtiges Pflegemanagement im Garten, aber auch in Parks und Naturschutzgebieten ist. Denn die Metamorphose dieses Tagfalters erstreckt sich vom Herbst bis zum nächsten Frühling. Wenn Futterpflanzen in dieser Zeit abgemäht werden, ist das Gelege, und damit die Population, zerstört. Denn die Eier werden im Herbst gelegt und überdauern in diesem Stadium den Winter. Im Frühling verwandelt sich der Silbergrüne Bläuling dann in eine Raupe, die eine Symbiose mit verschiedenen Ameisen eingeht, das heißt, die Ameisen werden mit einem süßen Sekret der Raupe belohnt und im Gegenzug bekommt sie Kost und Logis.

ESPARSETTEN-TRAGANT

Astragalus onobrychis

Höhe: 20 cm
Staudentyp: bodendeckende Staude
Standort: sonnig
Wasserbedarf: trocken
Boden: mineralisch
Strategie-Typ: S und K
Frost: winterhart

INDIGOLUPINE

Baptisia australis

Höhe: 100 cm
Staudentyp: Leit- und Gerüststaude
Standort: sonnig
Wasserbedarf: trocken, mittel
Boden: mineralisch, durchlässig humos
Strategie-Typ: S und K
Frost: winterhart

Baptisia alba var. *alba*

Baptisia 'Dutch Choclate'

Baptista alba var. *alba* 'Lemon Meringue'

Baptisia alba var. *alba* 'Vanilla Cream'

Baptisia-Arten sind eindeutige Leit-, aber auch Gerüststauden in meinen Gestaltungen. Auch wenn man diesen Pflanzen etwas Zeit geben muss, bis sie zur vollen Schönheit gelangen, sind sie es auf jeden Fall wert.

Hummeln lieben diesen Schmetterlingsblütler. Am wohlsten fühlt sich *Baptisia australis* in einem humosen, mineralischen Substrat. Sehr gerne mag ich die reine Wildform, aber auch *Baptisia alba* var. *alba* 'Dutch Chocolate' mit ihren dunklen Blüten sowie 'Lemon Meringue' und 'Vanilla Cream' sind tolle Sorten.

Beliebt bei

Wildbienen (Pollen)

- *Baptisia australis* Indigolupine → **4 Arten, davon 1 spezialisiert**
- *Baptisia alba* Weiße Indigolupine → **4 Arten, davon 1 spezialisiert**

Hummeln

- *Baptisia* ist ein Neophyt, der ursprünglich aus Amerika stammt, daher gibt es kaum Aufzeichnungen über Bestäuber in Europa. Da *Baptisia* jedoch ein Schmetterlingsblütler ist, kann man davon ausgehen, dass sie gerne von Hummeln besucht wird, da diese eine wichtige Pollenquelle für sie sind.

Adult

Felsheiden-Mauerbiene
Osmia inermis

Univoltin, Flugzeit: V bis IX, polylektische Art (Schmetterlingsblütler), Länge: 9–10 mm
Pflanze: *Baptisia australis*

Diese alleinlebende Mauerbiene ist in Europa sehr selten geworden. Ihre bevorzugte Nahrung sind Schmetterlingsblütler, wie eben Baptisia. Sie baut ihre aus Pflanzenzement errichteten Brutzellen auf der Unterseite von flachen Steinen, daher findet man sie eher auf Geröllflächen. Gerne besucht sie auch Eidechsenhügel im Garten, vorausgesetzt, es gibt dort auch die passende Nahrung für dieses tolle Tier.

HERZBLÄTTRIGE BERGENIE

Bergenia cordifolia

Höhe: 30 cm
Staudentyp: bodendeckende Staude
Standort: sonnig bis halbschattig
Wasserbedarf: trocken, mittel
Boden: mineralisch, durchlässig humos
Strategie-Typ: S und K
Frost: winterhart

Adult

Glänzende Düstersandbiene
Andrena nitida

Univoltin, Flugzeit: III bis V oder IV bis VI, polylektische Art, Länge: Männchen 11–14 mm, Weibchen: 14–16 mm
Pflanze: *Bergenia cordifolia*

Wie der Name „Sand" bereits verrät, baut dieses Tier seine Nester in vegetationsfreien Flächen oder in lockeren Sandböden. Die Gruppe der Sandbienen ist eine der am häufigsten vorkommenden Arten in Österreich, mit stolzen 143 verschiedenen Arten!

Diese Pflanze hat leider ein sehr verstaubtes Image, und das zu Unrecht, wie ich finde! Sie ist ein toller Bodendecker, der mit schattigen, trockenen, aber auch mit sonnigen Standorten gut zurechtkommt. Die kräftigen Blüten zeigen sich im April, manchmal sogar auch schon im März, was nicht häufig in der Staudenwelt ist. Besonders mag ich *Bergenia cordifolia* 'Abendglut' und *B. cordifolia* 'Eroica' im kräftigen Pink, und wer es etwas unauffälliger mag, dem empfehle ich die Sorten 'Dragonfly Angel Kiss' oder 'Bressingham White'. Eine meiner Lieblingskombinationen ist *Bergenia* mit *Magnolia grandiflora*. Wer Struktur in Pflanzungen sucht, für den passt diese Staude perfekt! Außerdem ist die Herbstfärbung zum Ende des Jahres nochmal ein richtiges Feuerwerk! Bienen und Hummeln lieben diese Pflanze im Frühling.

Beliebt bei

Wildbienen (Pollen)

- *Bergenia cordifolia* Herzblättrige Bergenie und Sorten → **2 Arten**

Bergenia cordifolia 'Abendglut'

Bergenia cordifolia 'Eroica'

Bergenia cordifolia 'Dragonfly Angel Kiss'

Bergenia cordifolia 'Bressingham White'

Kulinarik: Die Blüten von *Bergenia cordifolia* sind essbar, die Pflanze kann gekocht und eingelegt werden.

Heilwirkung: *Bergenia cordifolia* gilt in Nepal als Heilpflanze. Sie hilft bei Harnwegsbeschwerden und als Saft gegen Ohrenschmerzen. Aufgüsse von Bergenien sind seit Langem als blutstillendes und wundheilendes Mittel sowie zur Behandlung von Verdauungsstörungen und zur Linderung von Hautkrankheiten, Kopfschmerzen und Rheuma bekannt. Darüber hinaus galt die Bergenie-Infusion als wirksame Behandlung für Mundhöhlen mit Zahnfleischbluten, Wunden und entzündlichen Prozessen. Ein Sud dieser Pflanze wurde zudem zur Linderung bei Hämorrhoiden für Sitzbäder verwendet.

Rezept für Infusion: 3 gehäufte Esslöffel getrocknete *Bergenia*-Blüten und -Blätter in ein Glas kochendes Wasser geben und 12–15 Minuten in einem Wasserbad bei leichtem Kochen stehen lassen. Dann abkühlen lassen und die resultierende Infusion abseihen. An einem dunkeln, kühlen Ort aufbewahren und dreimal täglich 2 Esslöffel anwenden.

Adult

Gewöhnliche Löcherbiene
Osmia truncorum

Univoltin, Flugzeit: Männchen: IV bis IX, Weibchen: V bis X, oligolektische Art (Korbblütler), Länge: 6–8 mm
Pflanze: *Buphthalmum salicifolium*

Die Gewöhnliche Löcherbiene ist eine oligolektische Art, das heißt, sie ist auf eine Pflanzenfamilie spezialisiert, in diesem Fall auf Korbblütler. In ihrem bevorzugten Lebensraum unterscheidet sie sich von ihren verwandten Arten, der Gruppe der Löcherbienen, da diese warme Temperaturen lieben. Die Gewöhnliche Löcherbiene kommt nämlich auch im Alpenraum bis auf 1 600 m Höhe vor. Ihre Nester richtet sie in Pflanzenstängeln ein, aber auch in alten Bohrungen von Hölzern. Dabei baut sie verschiedene, getrennte Kammern, wobei der Haupteingang des Nestes einem Verlies ähnelt. Diesen versperrt sie mit Harz, und um ihn zu verstärken, arbeitet sie kleine Steinchen und Sand ein.

Das Weidenblättrige Ochsenauge ist ein toller Korbblütler, der aus den Trockenrasen im Osten Österreichs nicht wegzudenken ist. In dichtesten Beständen von Federgräsern behauptet sie ihren Platz und wertet jeden Trockenrasen auf. Die Pflanze ist sehr genügsam, benötigt nur wenig Wasser und ist mit ihrem gedrungenen Wuchs eine tolle Gerüststaude. Wer eine passende Pflanze für naturalistische Bilder im Garten sucht, wird hier nicht enttäuscht werden.

Beliebt bei
Wildbienen (Pollen)
- *Buphthalmum salicifolium* Weidenblättriges Ochsenauge → **67 Arten, davon 5 spezialisiert**

Hummeln
- *Buphthalmum salicifolium* Weidenblättriges Ochsenauge → **1 Art**

Kulinarik: Die Blüten von *Buphthalmum salicifolium* sind essbar.

WEIDENBLÄTTRIGES OCHSENAUGE

Buphthalmum salicifolium

Höhe: 45 cm
Staudentyp: Gerüststaude
Standort: sonnig
Wasserbedarf: trocken
Boden: mineralisch
Strategie-Typ: S und K
Frost: winterhart

GARTEN-REITGRAS

Calamagrostis x acutiflora

Höhe: 130 cm
Staudentyp: Solitärgras (Leit- und Heckenpflanze)
Standort: sonnig
Wasserbedarf: trocken
Boden: mineralisch
Strategie-Typ: S und K
Frost: winterhart

Calamagrostis acutiflora 'Karl Forster'

Calamagrostis acutiflora 'Overdam'

Calamagrostis epigejos

Falter

Raupe

Große Veränderliche Grasbüscheleule
Apamea crenata

Univoltin, Flugzeit: V bis VIII, Raupe: ab VIII, polyphage Art (Gräser), Flügelspannweite: 36–44 mm
Pflanze: *Calamagrostis epigejos*

Die Große Veränderliche Grasbüscheleule hat ihren außergewöhnlichen Namen deshalb, weil sich diese Art sowohl als Raupe, als auch als adultes Tier in den verschiedensten Farben präsentiert. Dieser Falter lebt zumeist im alpinen Raum und kommt in Europa bis über den Polarkreis vor!

Dieses Tier wird in Zukunft, aufgrund der steigenden Temperaturen und des damit schwindenden Lebensraumes, leider ein Verlierer des Klimawandels sein.

Calamagrostis ist eines meiner Lieblingsgräser, wenn ich hüfthohe Pflanzen benötige. Außerdem ist das Garten-Reitgras sehr trockenheitsverträglich und die Sorten 'Karl Foerster' oder der kleinere Bruder 'Overdam' sind straffe aufrechte Gräser, die ich immer wieder in Form von Hecken verwende. Vorsicht geboten ist nur bei *Calamagrostis epigejos* und *C. canescens* (Sumpf-Reitgras). Auch wenn diese noch so verlockend hübsch aussehen sollten: Diese Arten wuchern stark und können ganze Staudenbeete durcheinanderbringen. Für Wiesen und naturalistische Flächen sind diese beiden Arten jedoch eine gute Wahl.

Beliebt bei

Tagfalter-Raupen

- *Calamagrostis x acutiflora* Garten-Reitgras und Sorten → **1 Art**
- *Calamagrostis epigejos* Land-Reitgras → **6 Arten**

Nachtfalter-Raupen

- *Calamagrostis x acutiflora* Garten-Reitgras und Sorten → **5 Arten, davon 1 spezialisiert**
- *Calamagrostis epigejos* Land-Reitgras → **21 Arten, davon 4 spezialisiert**

Kulinarik: Reife Samen von *Calamagrostis arundinacea* sind essbar und zum Beispiel als Kaffee-Ersatz verwendbar; im Frühling ist es als Keimsaat geeignet.

STEINQUENDEL

Clinopodium nepeta
(Syn. *Calamintha nepeta*)

Höhe: 40 cm
Staudentyp: bodendeckende Staude
Standort: sonnig
Wasserbedarf: trocken
Boden: mineralisch, durchlässig humos
Strategie-Typ: S und R
Frost: winterhart

Dieser quirlige Lippenblütler betört mit seinem wunderbaren Duft nicht nur uns Menschen, sondern auch die Tierwelt – es summt und brummt, sobald er blüht!

Ich werde nie die gefüllte Staudenkiste mit *Calamintha* auf einer Baustelle vergessen, wo weit und breit kein Nahrungsangebot für Bienen war: Die Blüten wurden schon von den ersten Insekten innerhalb kürzester Zeit besucht.

Bei diesem tollen Bodendecker kann man kaum etwas falsch machen, und die Sorten 'Blue Cloud' und 'Triumphator' können Gerüst- und Leitstauden schon mal optisch den Stars im Beet die Schau stehlen.

Beliebt bei

Nachtfalter-Raupen
- *Calamintha nepeta* Stein-Quendel und Sorten → **1 Art**

Wildbienen (Pollen)
- *Calamintha nepeta* Stein-Quendel und Sorten → **33 Arten, davon 2 spezialisiert**

Hummeln
- *Calamintha nepeta* Stein-Quendel und Sorten → **4 Arten**

Kulinarik: *Calamintha nepeta* wird als Gewürz oder Tee, die Blätter zum Einlegen von Oliven verwendet.

Heilwirkung: *Calamintha nepeta* wirkt verdauungsfördernd und hilft gegen Menstruationsbeschwerden. Achtung: Keine Verwendung während der Schwangerschaft!

Adult

Garten-Wollbiene
Anthidium manicatum

Bivoltin, Flugzeit: VI und VIII, polylektische Art, (Nistmaterial: *Helichrysum*, *Stachys*, *Lychnis*, *Centaurea*, *Senecio*, *Cydonia*) Länge: Weibchen: 10–12 mm, Männchen: 14–18 mm
Pflanze: *Calamintha nepeta*

Diese in Europa häufig anzutreffende polylektische Art mit einer Vorliebe für Schmetterlingsblütler praktiziert einen besonderen Nestbau – sie benutzt dazu diverse Hohlräume und kleidet diese mit Pflanzenwolle aus, daher ihr Name. Anschließend „imprägniert" das Tier mit seinem Drüsensekret die Bruthöhle und, um sie von außen zu schützen, versperrt sie den Eingang mit verschiedenen kleinen Steinen.

HOHE GLOCKENBLUME

Campanula persicifolia

Höhe: 80 cm
Staudentyp: bodendeckende Staude
Standort: sonnig
Wasserbedarf: trocken, mittel
Boden: mineralisch, durchlässig humos
Strategie-Typ: S und K
Frost: winterhart

Campanula persicifolia
'Grandiflora Alba'

Campanula persicifolia
'Grandiflora Coerulea'

Campanula portenschlagiana

Glockenblumen sind ein Muss in jeder Staudengestaltung. Abgesehen von ihrer Schönheit punktet diese Pflanze mit ihrem Wert als Nahrungsquelle für viele Wildbienen und ist ein wahres Schwergewicht unter Bienen- und Hummelpflanzen!

Am besten ist es, viele verschiedene Arten und Sorten zu verwenden, um die Anzahl der angesprochenen Insekten zu erhöhen und so zusätzlich die Blütezeit zu verlängern. Besonders mag ich naturalistische Gestaltungen in Kombination mit Gräsern und *Campanula persicifolia* 'Grandiflora Alba' oder *C. persicifolia* 'Grandiflora Coerulea'. Aber auch als Leitstauden sind zum Beispiel *C. punctata* 'Rubriflora' oder *C. punctata* 'Sarastro' bestens geeignet. Wer eher etwas für den Boden sucht, dem empfehle ich *C. portenschlagiana*. Vorsicht geboten ist bei *C. poscharskyana*, sie neigt dazu, zu wuchern, ist aber unverwüstlich!

Eine besonders zarte und feine Pflanze ist *Campanula rotundifolia*. Sie ist ein Highlight auf einer Mauerkrone, vielleicht auf Augenhöhe mit dem Betrachter, um deren Schönheit besser sehen zu können.

Beliebt bei

Nachtfalter-Raupen

- *Campanula persicifolia* Hohe Glockenblume und Sorten → **15 Arten, davon 1 spezialisiert**
- *Campanula portenschlagiana* Dalmatiner-Glockenblume → **14 Arten**
- *Campanula rotundifolia* Rundblättrige Glockenblume und Sorten → **20 Arten, davon 3 spezialisiert**
- *Campanula punctata* Punktierte Glockenblume und Sorten → **14 Arten Keine Spezialisiert!**

Wildbienen (Pollen)

- *Campanula persicifolia* Hohe Glockenblume und Sorten → **31 Arten, davon 12 spezialisiert**
- *Campanula portenschlagiana* Dalmatiner-Glockenblume → **15 Arten, davon 3 spezialisiert**
- *Campanula rotundifolia* Rundblättrige Glockenblume und Sorten → **38 Arten, davon 3 spezialisiert**
- *Campanula punctata* Punktierte Glockenblume und Sorten → **15 Arten, davon 1 spezialisiert**

Hummeln

- *Campanula persicifolia* Hohe Glockenblume und Sorten → **3 Arten**
- *Campanula rotundifolia* Rundblättrige Glockenblume und Sorten → **2 Arten**

Kulinarik: Die Blätter und Blüten von *Campanula patula* und *C. persicifolia* sind essbar, als Salat, Sprossen etc.

Adult

Höhenhummel
Bombus sichelii

Univoltin, Flugzeit: V bis VI, polylektische Art, Länge: Königin: 17–20 mm, Arbeiterinnen und Drohne: 13–16 mm, Volkgröße: 150 Tiere
Pflanze: *Campanula persicifolia*

Wie der Name bereits verrät, ist diese Hummel in Höhen von 1900 m – 2700 m beheimatet, aber dafür dort eine der am häufigsten vorkommenden Arten. Sie ist eine eifrige Nektar- und Pollensammlerin und als klassischer „Pollenstorer" hortet sie den überschüssigen Ertrag in nicht mehr gebrauchten Zellen oder verwendet alte Mäusegänge für die Lagerung.

Ein Weltmeister unter den insektenfreundlichen Pflanzen ist ohne Übertreibung die Flockenblume. Wer einmal den Wert dieser Pflanze erkannt hat, kommt nicht mehr von ihr los. Sei es die klassische Form wie *Centaurea montana*, mit ihrer blauen Blüte, oder *Centaurea montana* 'Amethyst in Snow' in Weiß. Wer auf der Suche nach Gelb ist, dem kann ich *Centaurea macrocephala* empfehlen. Mit ihrer bestechenden Blüte ist sie ein Highlight unter den Leitstauden. *Centaurea montana* 'Black Sprite' ist eine fast schwarze Variante, geeignet für denjenigen, der einmal eine ganz ungewöhnliche Farbe sucht. Alles in allem ist die Wiesen-Flockenblume eine tolle Blütenstaude, speziell in naturalistischen Pflanzbeeten, und ein Muss für Naturfreaks!

Beliebt bei

Tagfalter-Raupen

- *Centaurea jacea* Wiesen-Flockenblume → **3 Arten, davon 1 spezialisiert**

Nachtfalter-Raupen

- *Centaurea jacea* Wiesen-Flockenblume → **24 Arten**
- *Centaurea montana* Berg-Flockenblume und Sorten → **15 Arten**
- *Centaurea macrocephala* Großköpfige Flockenblume → **14 Arten**

Wildbienen (Pollen)

- *Centaurea jacea* Wiesen-Flockenblume → **85 Arten, davon 14 spezialisiert**
- *Centaurea montana* Berg-Flockenblume und Sorten → **76 Arten, davon 14 spezialisiert**
- *Centaurea macrocephala* Großköpfige Flockenblume → **52 Arten, davon 5 spezialisiert**

Hummeln

- *Centaurea jacea* Wiesen-Flockenblume → **12 Arten**
- *Centaurea montana* Berg-Flockenblume und Sorten → **5 Arten**
- *Centaurea macrocephala* Großköpfige Flockenblume → **2 Arten**

Kulinarik: Die Blüten von Centaurea jacea sind essbar, für Tee etc.

Heilwirkung: *Centaurea jacea* wirkt entzündungshemmend (bei Augenentzündungen), die Wurzeln als Teesud harntreibend.

WIESEN-FLOCKENBLUME

Centaurea jacea

Höhe: 45 cm
Staudentyp: Gerüst- und Leitstaude
Standort: sonnig
Wasserbedarf: trocken
Boden: mineralisch
Strategie-Typ: S und K
Frost: winterhart

Centaurea montana 'Amethyst in Snow'

Centaurea montana 'Black Sprite'

Centaurea macrocephala

Centaurea montana

Falter

Raupe

Chi-Eule ***Antitype chi***

Flugzeit: VIII bis X, polyphage Art, Flügelspannweite: 32–40 mm
Pflanzen: *Centaurea jacea, C. montana, C macrocephala*

Die Gruppe der Eulenfalter ist unglaublich groß. Weltweit gibt es circa 35 000 Arten und auch in Europa ist sie mit ihren 1711 Arten die am häufigsten vorkommende Art. Darunter gibt es Falter mit einer rekordverdächtigen Flügelspannweite von bis zu 30 cm, bei den europäischen Arten sind es jedoch nur 2 bis 6 cm Spannweite. Der Name „Eule" leitet sich von ihrem eulenartigen Kopf ab, «Chi» steht für das X im griechisches Alphabet und dies deutet auf ihr auffälliges Merkmal ihrer Flügel hin, dass ein X erkennen lässt. Das Besondere an der Chi-Eule ist, dass sie es schafft, ihr filigranes und empfindliches Ei über den Winter zu bringen. Dabei können ihr widrigste Wetterbedingungen und Temperaturen im Minusbereich nichts anhaben. In früheren Zeiten nannte man sie auch Saudistel-Steineule, da man sie häufig an Disteln beobachten kann.

ROTE SPORNBLUME

Valeriana rubra
(Syn. *Centranthus ruber*)

Höhe: 80 cm
Staudentyp: Füllstaude
Standort: sonnig
Wasserbedarf: trocken
Boden: mineralisch, durchlässig humos, kalkhaltig
Strategie-Typ: S und R
Frost: winterhart

Die rote Spornblume punktet als ein zwar kurzlebiges, aber umso schöneres Feuerwerk bis weit in den Herbst hinein. Besonders reizvoll finde ich es am späten Nachmittag oder am Abend, die ersten Taubenschwänzchen zu beobachten, während sie die ersten Blüten „betanken". Das ist jedes Mal aufs Neue ein wunderbares Schauspiel und veranschaulicht die geheime und wunderbare Welt der Insekten. Weiterhin verwende ich die weiße Form, *Centranthus ruber* 'Albus' sehr gerne, da die weißen Blüten einfacher mit anderen Farben zu kombinieren sind als die Purpur-Variante. Wer genügsame und vagabundierende Pflanzen sucht, ist bei ihr genau richtig!

Beliebt bei

Nachtfalter-Raupen
- *Centranthus ruber* Rote Spornblume und Sorten → **1 Art**

Wildbienen (Pollen)
- *Centranthus ruber* Rote Spornblume und Sorten → **1 Art**

Hummeln
- *Centranthus ruber* Rote Spornblume und Sorten → **3 Arten**

Kulinarik: Junge Blätter von *Centranthus ruber* sind als Salat verwendbar, die Wurzeln sind gekocht essbar.

Heilwirkung: In der Wurzel der Spornblume befindet sich der Wirkstoff Valepotriate, der hier in höherer Konzentration vorhanden ist als im bekannten Baldrian. Er hilft bei Unruhezuständen und Nervosität.

Adult

Gartenhummel
Bombus hortorum

Bivoltin, Sozial Flugzeit: Königin: III bis V, Arbeiterinnen: V bis VII, polylektische Art, Länge: Königin: 18–26 mm, Arbeiterinnen und Drohne: 13–15 mm, Volkgröße: 50–100 Tiere.
Pflanze: *Centranthus ruber*

Diese im Siedlungsraum häufig vorkommende friedliche Art zeichnet sich durch ihren langen Rüssel und eine relativ kurze Körperlänge von 13–20 mm aus. Gartenhummeln sind sehr genügsame Tiere: Sie stellen keine großen Ansprüche an ihre Nahrung (Lippen- und Schmetterlingsblütler uvm.) oder an ihre Unterkunft. Dabei errichten sie selbst Nester für ihr Volk oder übernehmen diverse Nester von Vögeln oder auch Mäusen, ebenso Gartenhäuschen und Schuppen.

BACH-KRATZ-DISTEL

***Cirsium rivulare* 'Atropurpureum'**

Höhe: 80 cm
Staudentyp: Leit- und Gerüststaude
Standort: sonnig
Wasserbedarf: mittel, feucht
Boden: durchlässig humos, kalkarm
Strategie-Typ: S und K
Frost: winterhart

Seit Jahren habe ich größten Respekt vor Disteln und deren Aussaat. Bis auf wenige Ausnahmen, wie *Eryngium* oder *Echinops*, habe ich es vermieden, sie zu verwenden. Aber vor einigen Jahren konnte ich bei *Cirsium rivulare* 'Atropurpureum' nicht widerstehen. Sie ist eine außergewöhnlich schöne Erscheinung und im Gegensatz zu vielen anderen Disteln sehr «brav», was ihr Ausbreitungsverhalten angeht.

Außerdem sind *Cirsium*-Arten wahre Schwergewichte bezüglich Insektenfreundlichkeit und sollten nirgends fehlen, sofern die Standortbedingungen passen. Denn das ist leider ein Nachteil: Sie benötigen regelmäßig Feuchtigkeit und eine gute Nährstoffversorgung. Ich verwende sie zum Beispiel gerne bei einem Überlauf eines Gartenteiches. Wer eine Alternative zu Rot sucht, dem kann ich *Cirsium rivulare* 'Trevors Blue Wonder' in Pink empfehlen. Bei *Cirsium vulgare* oder *Cirsium arvense* wäre ich im Garten etwas vorsichtig, da sie mit ihrer Aussaat zur Plage werden können, aber in sehr naturalistischen Gestaltungen oder im Landschaftsbau dürfen auch sie nicht fehlen.

Cirsium vulgare

Cirsium rivulare 'Trevor's Blue Wonder'

Falter

Raupe

Flockenblumen-Scheckenfalter
Melitaea phoebe

Bivoltin, Flugzeit: IV bis VI und VI bis IX, polyphage Art (*Centaurea*, *Cirsium* und *Scabiosa*), Flügelspannweite: 32–42 mm
Pflanze: *Cirsium rivulare, C. vulgare*

Dieser in Europa, aber auch in Afrika lebende und stark gefährdete Falter kommt bis in den alpinen Raum vor, bevorzugt jedoch trockene und warme Lebensbereiche. Dabei hat sich die Raupe auf Centaurea, aber auch auf *Scabiosen*- und *Cirsium*-Arten spezialisiert. Sie errichtet Gespinste an der jeweiligen Futterpflanze: Dies schützt vor Fressfeinden und auch vor zu intensiver Sonneneinstrahlung.

Beliebt bei

Tagfalter-Raupen

- *Cirsium rivulare* Bach-Kratzdistel und Sorten → **2 Arten, spezialisiert**
- *Cirsium vulgare* Gewöhnliche Kratzdistel → **2 Arten, spezialisiert**

Nachtfalter-Raupen

- *Cirsium rivulare* Bach-Kratzdistel und Sorten → **20 Arten**
- *Cirsium vulgare* Gewöhnliche Kratzdistel → **21 Arten**

Wildbienen (Pollen)

- *Cirsium rivulare* Bach-Kratzdistel und Sorten → **75 Arten, davon 10 spezialisiert**
- *Cirsium vulgare* Gewöhnliche Kratzdistel → **86 Arten, davon 10 spezialisiert**

Hummeln

- *Cirsium rivulare* Bach-Kratzdistel und Sorten → **9 Arten**
- *Cirsium vulgare* Gewöhnliche Kratzdistel → **9 Arten**

Kulinarik: *Cirsium vulgare* eignet sich für Spinat oder als Salatzutat.

Die Herbst-Zeitlose ist jedes Jahr ein Highlight in meinem Garten und immer wieder werde ich aufs Neue von ihr überrascht. Diese tolle Farbe ist, in Kombination mit den ersten Herbstfärbungen anderer Pflanzen, einmalig! Absolut genügsam, verschönert sie optisch eine Zeit im Jahr, in der es nicht mehr sehr viele Blüten gibt. Ihre Giftigkeit kann jedoch ein Problem sein, deshalb Vorsicht bei der Platzwahl. Ich würde sie nicht in der Nähe von Kräutern und auch nicht neben Bärlauch pflanzen. Jedes Jahr sterben Menschen nach «Falsch-Pflücken» von vermeintlichem Bärlauch bzw. dessen Genuss, also bitte achtsam sein! Es gibt sehr viele und schöne Varianten der Herbst-Zeitlosen, von weiß über zartviolett, rosa, gefüllt u.v.m. Eine weitere tolle Variante gibt es im pannonischen Raum (Ost-Österreichs, Ungarn etc.), und zwar *Colchicum pannonicum*. Wer einen Geophyten für den Herbst sucht, wird hier bestens bedient!

Beliebt bei

Nachtfalter-Raupen

- *Colchicum autumnale* Herbst-Zeitlose → **2 Arten**
- *Colchicum pannonicum* und **C. speciosum** dürften ähnliche Insekten wie **Colchicum autumnale** ansprechen.

Wildbienen (Pollen)

- *Colchicum autumnale* Herbst-Zeitlose → **1 Art**
- *Colchicum pannonicum* und **C. speciosum** dürften ähnliche Insekten wie **Colchicum autumnale** ansprechen.

Besonderheit: **ACHTUNG:** giftig! 2 bis 5 g sind tödlich für Erwachsene, auch getrocknetes Laub im Heu bleibt für Tiere giftig.

HERBST-ZEITLOSE

Colchicum autumnale

Höhe: 15 cm
Staudentyp: Geophyt
Standort: sonnig
Wasserbedarf: trocken, mittel
Boden: mineralisch, durchlässig humos
Strategie-Typ: S und K
Frost: winterhart

Colchicum speciosum 'Waterlily'

Colchicum pannonicum

Colchicum autumnale var. *minor* 'Album'

Honigbiene

Bienen Allgemein
Wild- u. Honigbienen
***Colletes hederae* –**
Efeu-Seidenbiene

Die verlockende Blüte der Herbst-Zeitlosen wird mittags gerne von den verschiedensten Bienen besucht. Dabei fliegen sie in den Kelch, jedoch ist das schnelle Weiterfliegen nicht so einfach, da die Innenseiten der Blütenblätter so glatt sind, dass sie immer wieder zu den Staubgefäßen abrutschen.

Durch dieses mehrmalige zum Nektar-Rutschen und das dabei entstehende ordentliche Durchrütteln der Blüte geht die Pflanze auf Nummer sicher, um auch gewiss von Insekten bestäubt zu werden.

Diese tolle Blattstaude sollte in keiner silberfarbenen Staudenbepflanzung fehlen. Am besten kommt der Echte Meerkohl zur Geltung, wenn er einzeln in Beeten angeordnet wird. Wie der Name bereits verrät, ist sein natürliches Verbreitungsgebiet am Meeresstrand, wo man ihn früher auch gerne für die Küche erntete. Meerkohl ist daher auch an Salz gewöhnt und passt ideal als Straßenbegleitgrün. Es gibt noch eine weit höher wachsende Art, und zwar *Crambe cordifolia*, wobei ich diese Pflanze gerade erst für mich entdecke und daher noch wenig Erfahrung mit ihr habe.

Beliebt bei

Tagfalter-Raupen
- *Crambe maritima* Echter Meerkohl → **4 Arten**
- *Crambe cordifolia* Riesenschleierkraut → **2 Arten**

Nachtfalter-Raupen
- *Crambe maritima* Echter Meerkohl → **5 Arten**

Wildbienen (Pollen)
- *Crambe maritima* Echter Meerkohl → **37 Arten**
- *Crambe cordifolia* Riesenschleierkraut → **32 Arten**

Kulinarik: *Crambe maritima* ist eine wichtige Futterpflanze, als Gemüse, für Eintopf etc.

Falter

Raupe

Großer Kohlweißling ***Pieris brassicae***

Trivoltin, Flugzeit: III bis X, oligophage Art (Kreuzblütler), Flügelspannweite: 60 mm
Pflanze: *Crambe maritima, C. cordifolia*

Der Hinweis auf Kreuzblütler verbirgt sich bereits im lateinischen Namen *brassicae* für Brassicaceae (Kreuzblütler). Diese Spezialisierung auf Senföl-Glykoside reduziert die Konkurrenz anhand anderer Tiere und sichert, neben der restlichen und überschaubaren Anzahl an Konkurrenz-Spezialisten, schlussendlich das Überleben dieser Art. Unter Kohlbauern ist der Kohlweißling ein gefürchteter Schädling. Im biologischen Pflanzenschutz werden die Raupen mit der Kohlweißling-Schlupfwespe *Cotesia glomerata* bekämpft. Ich persönlich habe aber noch nicht die Erfahrung gemacht, dass vom Kohlweißling ganze Pflanzen gefressen werden.

ECHTER MEERKOHL

Crambe maritima

Höhe: 75 cm
Staudentyp: Leit- und Gerüststaude
Standort: sonnig
Wasserbedarf: trocken
Boden: mineralisch, durchlässig humos
Strategie-Typ: S und K
Frost: winterhart

SAFRAN-KROKUS

Crocus sativus

Höhe: 10 cm
Staudentyp: Geophyt
Standort: sonnig
Wasserbedarf: trocken, mittel
Boden: mineralisch, durchlässig humos
Strategie-Typ: S und K
Frost: winterhart

Unter den vielen Arten von Geophyten sollten Krokusse nicht fehlen. Das Farbspektrum ist weithin bekannt und der Nektar wird im Frühling gern von Hummeln geschlürft. Ich verwende auch gern *Crocus cartwrightianus*, der im Herbst blüht und sehr gut mit Trockenheit zurechtkommt. Bei mir zu Hause wächst er im reinen mineralischen Substrat und auch dieser schwierige Standort scheint ihm nichts anzuhaben. Natürlich werden die klassischen *Crocus chrysanthus* in allen möglichen Farben mit Freude von Insekten besucht.

Beliebt bei

Wildbienen (Pollen)

- *Crocus sativus* Safran-Krokus → **1 Art**
- *Crocus chrysanthus* Balkan-Krokus → **1 Art**
- *Crocus cartwrightianus* dürfte ähnliche Insekten wie *C. sativus* und *C. chrysanthus* ansprechen.

Hummeln

- *Crocus sativus* Safran-Krokus → **3 Arten**
- *Crocus chrysanthus* Balkan-Krokus → **3 Arten**
- *Crocus cartwrightianus* dürfte ähnliche Insekten wie *C. sativus* und *C. chrysanthus* ansprechen.

Kulinarik: Das Gewürz Safran ist weithin bekannt. Pro Pflanze erntet man drei kräftig rote Fäden. Das heißt, für 1 kg Safran benötigt man ca. 150 000 bis 200 000 Blüten!

Heilwirkung: Die Inhaltsstoffe vom Safran-Krokus haben positiven Einfluss auf bestimmte Botenstoffe im Gehirn und sorgen so für innerliche Ruhe und sind Stimmungsaufheller.

Besonderheit: *Crocus speciosa* ist für Hasen stark giftig, aber auch für andere Tiere wie Pferde oder Meerschweinchen.

Crocus cartwrightianus

Crocus chrysanthus

Adult

Gehörnte Mauerbiene
Osmia cornuta

Univoltin, Flugzeit: II bis III, polylektische Art,
Länge: Weibchen: 12–16 mm, Männchen: 12–15 mm
Pflanze: *Crocus sativus, C. chrysanthus*

Die Gehörnte Mauerbiene hat ihren Namen zum einen aufgrund einer zweifarbigen Zeichnung und wegen ihres gehörnten Kopfschildes. Zum anderen erklärt er sich dadurch, dass sie gerne ihre Nester in Mauerritzen errichtet. Außerdem ist sie ein Kulturfolger und ein wichtiger Bestäuber an frühen Obstgehölzen.

KARTÄUSER-NELKE

Dianthus carthusianorum

Höhe: 45 cm
Staudentyp: bodendeckende Staude
Standort: sonnig
Wasserbedarf: trocken
Boden: mineralisch, durchlässig humos
Strategie-Typ: S, K und R
Frost: winterhart

Dianthus arenarius

Dianthus deltoides

Dianthus gratianopolitanus

Die Kartäuser-Nelke zählt du den sogenannten Hemikryptophyten, das heißt, ihre Überdauerungsknospen liegen auf der Oberfläche. Zudem ist sie eine wundervolle und trockenheitsverträgliche Pflanze, fast ohne Limit. Filigran verwende ich sie am liebsten in sehr naturalistischen Staudenbeeten, wo sie sich mit *Campanula* und Gräsern vermengt. Auch auf Mauerkronen kommt sie gut zur Geltung, und Schmetterlinge lieben ihre Blüten! Ich verwende gerne *Dianthus arenarius*, aber auch *Dianthus deltoides mit* ihren verschiedenen Blütenfarben. Wer die Farbtöne Rosa bis Zartviolett mag, dem kann ich *Dianthus gratianopolitanus* empfehlen. Achtung: Es gibt auch viele Sorten mit gefüllten Blüten, diese sind für Insekten jedoch wertlos.

Beliebt bei

Tagfalter-Raupen

- *Dianthus carthusianorum* Karthäuser-Nelke → **2 Arten**

Nachtfalter-Raupen

- *Dianthus carthusianorum* Karthäuser-Nelke → **7 Arten, davon 3 spezialisiert**
- *Dianthus arenarius* Sand-Nelke → **2 Arten, davon 1 spezialisiert**
- *Dianthus deltoides* Heide-Nelke → **3 Arten, davon 2 spezialisiert**
- *Dianthus gratianopolitanus* Pfingst-Nelke → **2 Arten, davon 1 spezialisiert**

Wildbienen (Pollen)

- *Dianthus carthusianorum* Karthäuser-Nelke → **14 Arten**
- *Dianthus arenarius* Sand-Nelke → **12 Arten**
- *Dianthus deltoides* Heide-Nelke → **12 Arten**
- *Dianthus gratianopolitanus* Pfingst-Nelke → **12 Arten**

Falter

Raupe

Violettbraune Kapseleule *Sideridis rivularis*

Bivoltin, Flugzeit: IV bis VI und VII bis VIII, nachtaktiv, polyphage Art, Flügelspannweite: 29–34 mm
Pflanze: *Dianthus carthusianorum*

Die zu Beginn dunkelgrüne Raupe der Violettbraunen Kapseleule verändert ihre Farbe in Hellgrün mit gelben Rücken- und Seitenstreifen. Die häufig in Europa vorkommende Art ist nachtaktiv und ein wahrer Feinschmecker unter den Nachtfaltern. Sie begnügt sich nicht nur mit Pflanzenteilen der Futterpflanze, sondern beginnt zumeist als Erstes mit den Blüten. Wie man sieht, gibt es nicht nur unter uns Menschen Blütenfans.

Falter

Raupe

Schwalbenschwanz ***Papilio machaon***

Bivoltin, Flugzeit: : IV bis VI und VII bis VIII, polyphage Art (hauptsächlich Doldenblütler), Flügelspannweite: 50–75 mm
Pflanze: *Dictamnus albus*

Der Schwalbenschwanz, einer unserer schönsten heimischen Tagfalter, zählt neben dem ähnlich aussehenden Segelfalter zu den Ritterfaltern. Die Populationen sind von der Stückzahl eher gering und so haben sie eine Taktik bezüglich ihrer Partnerwahl entwickelt: Der Schwalbenschwanz betreibt das sogenannte hilltopping (deutsch: Gipfelbalz). Dazu sucht er Erhöhungen in der Landschaft, wie Felsen, aber auch Gebäude oder markante Bäume, und trifft dort auf seinesgleichen. Dabei schrauben sich die Männchen in luftige Höhen, umso die Chance, von einem suchenden Weibchen als Erstes entdeckt zu werden, zu erhöhen. Auch Segelfalter wenden diese Taktik an, und so sind immer wieder Kämpfe um die besten Plätze unter den verschiedensten Faltern zu beobachten: ein wahrhaft beeindruckendes Schauspiel!

Dictamnus albus 'Albiflorus'

Wenn ich mich unter unseren heimischen Blütenstauden bezüglich deren Gartenwert für eine entscheiden müsste, dann wäre es vielleicht der Diptam. Diese unglaublich schöne Staude verzaubert mit ihrem süßlichen und betörenden Duft. Auch wenn sie einige Jahre braucht, bis sie sich entwickelt, ist sie es wert und ein wahrer Methusalem unter den Stauden. 30, 40 Jahre Lebensdauer sind keine Seltenheit und wirklich beachtlich für eine Staude. Wer den Diptam in Weiß möchte, dem kann ich *Dictamnus albus* 'Albiflorus' empfehlen.

Beliebt bei

Tagfalter-Raupen

- *Dictamnus albus* Diptam und Sorten → **1 Art**

DIPTAM

Dictamnus albus

Höhe: 90 cm
Staudentyp: Leit- und Gerüststaude
Standort: sonnig, halbschattig
Wasserbedarf: trocken
Boden: mineralisch, durchlässig humos
Strategie-Typ: S und K
Frost: winterhart

GELBER SONNENHUT

Echinacea paradoxa

Höhe: 80 cm
Staudentyp: Leit- und Gerüststaude
Standort: sonnig
Wasserbedarf: trocken, mittel
Boden: mineralisch, durchlässig, humos
Strategie-Typ: S und R
Frost: winterhart

Der Sonnenhut ist *die* amerikanische Präriepflanze. Viele Arten habe ich in den letzten Jahren ausprobiert, aber am liebsten verwende ich alte Sorten wie *Echinacea purpurea* 'Magnus', *E. purpurea* 'Weißer Schwan' oder Wildformen wie eben *E. paradoxa* oder *E. pallida*. Leider haben viele der neuen Sorten nicht das gehalten, was sie ursprünglich versprachen. Vor allem die Kurzlebigkeit von vielen orangefarbenen Varianten hat mich immer gestört, die Ausnahme ist vielleicht noch *E. purpurea* 'Tomato Soup'. Auch *E. purpurea* 'Fatal Attraction' mag ich sehr gerne, da die Blüten in Kombination mit den dunklen Stängeln einen besonderen Reiz ausmachen. *Echinacea paradoxa* vagabundiert in meinem Garten hin und her, was ihre Wildheit noch etwas unterstreicht und den Besuch von unzähligen Insekten bedingt, aber auch die Blütenstände im Winter mag ich sehr.

Gefüllte Sorten bitte nicht verwenden, da sie zumeist wertlos für Insekten sind. Auf alle Fälle ist der Sonnenhut eine tolle Pflanze für jede Jahreszeit!

Beliebt bei

Tagfalter-Raupen

- *Echinacea paradoxa* Gelber Sonnenhut → **1 Art**

Wildbienen (Pollen)

- *Echinacea paradoxa* Gelber Sonnenhut → **52 Arten, davon 8 spezialisiert**
- *Echinacea purpurea* Roter Sonnenhut und Sorten → **52 Arten, davon 8 spezialisiert**
- *Echinacea pallida* Prärie-Igelkopf → **52 Arten, davon 8 spezialisiert**

Hummeln

- *Echinacea paradoxa* Gelber Sonnenhut → **2 Arten**

Heilwirkung: Ein Tee mit Sonnenhut hilft gegen Mandelentzündung, Husten und Halsschmerzen. Die äußerliche Anwendung in Form von Salben oder Umschlägen wirkt antibakteriell und schmerzlindernd und unterstützt die Wundheilung.

Echinacea purpurea 'Weißer Schwan'

Echinacea pallida

Echinacea purpurea 'Magnus'

Adult

Dunkle Erdhummel
Bombus terrestris

Sozial, Univoltin, Flugzeit: II bis X, polylektische Art (Vibrationsbestäubung), Länge: Königin: 20–30 mm, Arbeiterinnen: 11–17 mm, Drohnen: 14–17 mm, Volkgröße: bis 600 Tiere
Pflanze: *Echinacea paradoxa*

Die Dunkle Erdhummel ist eine der wichtigsten Hummeln, die in Glashäusern zum Einsatz kommt. Dabei ist die Bestäubung von Tomaten eine der wesentlichsten Aufgaben. Weiterhin hat sie eine unglaublich energieraubende Taktik zum Erwärmen ihrer ersten Brut im Jahr entwickelt. Dabei erzeugt sie mithilfe ihres Stoffwechsls Wärme. Dazu presst sie ihr Hinterteil eng an die Brut, um so die besten Entwicklungsbedingungen für sie zu schaffen. Man schätzt, dass das Tier dafür bis zu 600 mg Zucker täglich benötigt, das heißt, für die gesamte Entwicklungszeit der Brut werden ca. 6 000 Blüten besucht!

Echinacea purpurea 'Fatal Attraction'

Echinacea purpurea 'Tomato Soup'

Die Kugeldistel ist eine der interessantesten Disteln, die mit ihrem Nektar und Pollen Insekten geradezu animalisch anzieht. Allerdings sollte man darauf achten, sie nicht mit *Echinops sphaerocephalus* zu verwechseln, denn diese breitet sich ungehemmt mit ihrem Samen im Garten aus. Ich werde nie eines meiner ersten Staudenbeete in meinem Elternhaus vergessen, wo sie sich ansiedelte. Ich empfand sie als totale Bereicherung, doch ich bereute diesen Entschluss in den Jahren danach. Jährlich kamen Hunderte Sämlinge von der weißen Bienen-Kugeldistel dazu.

Im Osten Österreichs ist entlang der Straßen hauptsächlich *Echinops sphaerocephalus* zu finden, *Echinops ritro* kenne ich nur an zwei Standorten. Wer noch ein etwas kräftigeres Blau in seinem Staudenbeet sucht, dem kann ich *Echinops ritro* 'Veitch`s Blue' empfehlen. *Echinops ritro* ist jedenfalls eine tolle Strukturpflanze, mit interessanten Blütenständen und wahrlich ein Insektenmagnet!

Beliebt bei

Tagfalter-Raupen

- *Echinops ritro* Ruthenische Kugeldistel und Sorten → **1 Art**

Nachtfalter-Raupen

- *Echinops ritro* Ruthenische Kugeldistel und Sorten → **1 Art**

Wildbienen (Pollen)

- *Echinops ritro* Ruthenische Kugeldistel und Sorten → **52 Arten, davon 5 spezialisiert**

Hummeln

- *Echinops ritro* Ruthenische Kugeldistel und Sorten → **6 Arten**

Hinweis: *Echinops sphaerocephalus* dürfte ähnliche Insekten wie *E. ritro* ansprechen.

Besonderheit: Die Stängel der Kugeldistel sind ein begehrter Überwinterungsplatz von Wildbienen.

RUTHENISCHE KUGELDISTEL

Echinops ritro

Höhe: 80 cm
Staudentyp: Leit- und Gerüststaude
Standort: sonnig
Wasserbedarf: trocken
Boden: mineralisch, durchlässig humos
Strategie-Typ: S und K
Frost: winterhart

Echinops sphaerocephalus

Adult

**Große Filz-
furchenbiene**
Halictus pollinosus

Univoltin, Flugzeit: Weibchen: ab V, Männchen: VII bis VIII, polylektische Art, Länge: 8–9 mm
Pflanze: *Echinops ritro*

Furchenbienen leben solitär, aber auch in großen Völkern mit Tausenden von Bienen. Ihr Lebenszyklus beschränkt sich zumeist auf ein Jahr und sie sind mit 6–10 mm relativ kleingewachsen. Übrigens heißen Furchenbienen so, weil die Weibchen am Hinterleib eine furchenartige Behaarung aufweisen. Die Große Filzfurchenbiene ist mit ihren 8–9 mm schon einer der größeren Exemplare und lebt, im Gegensatz zu vielen anderen Furchenbienen, solitär.

Echinops ritro 'Veitch's Blue'

GROSSER REIHERSCHNABEL

Erodium x hybridum

Höhe: 45 cm
Staudentyp: bodendeckende Staude
Standort: sonnig
Wasserbedarf: trocken
Boden: mineralisch, durchlässig humos
Strategie-Typ: S und K
Frost: winterhart

Erodium chrysanthum

Erodium absinthoides var. *amanum*

Erodium cicutarium

Adult, weiblich

Adult, männlich

Raupe

Kleiner Sonnenröschen-Bläuling
Aricia agestis

Bivoltin, Flugzeit: V bis VI und VII bis IX, polyphage Art, Flügelspannweite: 22–27 mm
Pflanze: *Erodium cicutarium*

Dieser kleine Tagfalter ist eher im südlichen Europa beheimatet. Der Bläuling lebt zumeist in zwei, maximal drei Generationen und hat sich auf das Gelbe Sonnenröschen, den Kleinen Storchschnabel und den Reiherschnabel als Futterpflanze spezialisiert. Dabei werden einzelne Eier auf die Pflanzen gelegt, wo sich die Raupe anschließend von Blättern ernährt. Das Besondere: Sie hat gelernt, mit den widrigen Bedingungen in der kalten Jahreszeit umzugehen und überwintert als Raupe.

Diese Pflanze sticht aus der Gruppe der Stauden mit ihrer Blühdauer heraus. Eine Blühzeit von bis zu fünf Monaten ist keine Seltenheit. Auch mag ich *Eordium chrysanthum* sehr gerne, da sie mit ihrer hellgelben Farbgebung wesentlich zurückhaltender ist, und auch kleiner bleibt als *E. hybridum*. Wer Zartrosa gerne mag, dem kann ich *Erodium absinthoides* var. *amanum* empfehlen. Ein Geheimtipp! Ich verwende gerne die Kombination *Erodium* x *hybridum* mit *Imperata cylindrica* 'Red Baron', ein wahres Farbspektakel in Rot! Auch für den Unterwuchs unter Gehölzen hat diese Gattung etwas zu bieten, und zwar den Gewöhnlichen Reiherschnabel *Erigeron cicutarium*. Diese kurzlebige, in Europa heimische Art, gedeiht am besten, wenn man sie mit dem Samen ausbringt. Sie ist eine ideale niedrige Füllstaude für naturalistische Gestaltungen und dabei sehr trockenheitsverträglich.

Beliebt bei
Tagfalter-Raupen
- *Erodium hybridum* Großer Reiherschnabel → **2 Arten**
- *Erodium cicutarium* Gewöhnlicher Reiherschnabel → **3 Arten**

Wildbienen (Pollen)
- *Erodium hybridum* Großer Reiherschnabel → **4 Arten**
- *Erodium cicutarium* Gewöhnlicher Reiherschnabel → **4 Arten**

Hinweis: *Erodium chyrsanthum* und *E. absinthoides* dürften ähnliche Insekten wie *E. hybridum* ansprechen.

Kulinarik: Junge Blätter von *Erodium cicutarium* eignen sich gut als Beigabe zu Salate oder Gemüse

Heilwirkung: Äußerliche Anwendung bei Hautproblemen und zur Reinigung von Wunden.

ALPEN-MANNSTREU

Eryngium alpinum

Höhe: 40 cm
Staudentyp: Gerüststaude
Standort: sonnig
Wasserbedarf: trocken
Boden: mineralisch, durchlässig humos
Strategie-Typ: S und R
Frost: winterhart

Wer kennt nicht die sich vorbeibewegenden «Steppenroller» in amerikanischen Cowboy-Filmen? Das kommt daher, dass diese Filme in der Vergangenheit häufig im ehemaligen Jugoslawien gedreht wurden, und kurzerhand wurde so der Europäische Mannstreu oder auch die Wilde Möhre in eine amerikanische Pflanze umgewandelt. Der Alpen-Mannstreu ist eine meiner Lieblingsdisteln. Aber ich mag auch *Eryngium planum* 'Blauer Zwerg' oder *E. maritimum* sehr gerne. Letztgenannte ist aufgrund ihrer Salztoleranz ideal als Straßenbegleitgrün. Unseren heimischen *Eryngium campestre* verwende ich eher selten, da mich andere Farben und Formen mehr reizen. Und wenn ich amerikanische Steppenlandschaften «nachbastle», verwende ich dafür sehr gerne *E. agavifolium*, da sie optisch perfekt in eine Graslandschaft passt.

Beliebt bei

Wildbienen (Pollen)

- *Eryngium alpinum* Alpen-Mannstreu → **29 Arten, davon 7 spezialisiert**
- *Eryngium planum* Flachblatt-Mannstreu und Sorten → **29 Arten, davon 7 spezialisiert**
- *Eryngium maritimum* Stranddistel → **30 Arten, davon 7 spezialisiert**
- *Eryngium campestre* Feld-Mannstreu → **35 Arten, davon 7 spezialisiert**
- *Eryngium agavifolium* Agavenblättrige Mannstreu → **18 Arten, davon 1 spezialisiert**

Hummeln

- *Eryngium alpinum* Alpen-Mannstreu → **6 Arten**

Kulinarik: Junge Blätter von *Eryngium campestre* können Salaten beigegeben werden.

Heilwirkung: *Eryngium alpinum*, *Eryngium planum* und *Eryngium amethystinum* werden bei der Linderung von rheumatischen und arthritischen Beschwerden angewendet.

Eryngium planum 'Blauer Zwerg'

Eryngium maritimum

Adult
Wald-Kuckucks-hummel
Bombus sylvestris

Univoltin, sozialparasitisch eusozial, Flugzeit: ab IV (parasitiert Wiesen-, Baum-, Stein- und Heidehummel), polyphage Art, Flügelspannweite: Weibchen: 32–35 mm, Männchen: 27–30 mm
Pflanze: *Eryngium campestre*

Wie der Name bereits verrät, handelt es sich bei der Kuckuckshummel um eine parasitär lebende Hummel. Dabei hat sie sich hauptsächlich auf Wiesenhummeln spezialisiert, aber auch Baum- und Steinhummeln werden besucht. Dabei geht die Kuckuckshummel zielgerichtet nach Plan vor. Sie sucht sich einen geeigneten Bau der passenden Hummel, dringt dort unbemerkt ein und versteckt sich, bis sie den Geruch der Wirtin aufgenommen hat. Danach attackiert die Hummel die Wirtskönigin mit einem gezielten Stich, woran diese verendet. Anschließend werden deren Eier geplündert, um Platz zu schaffen für ihre eigene Brut. Die geschlüpften Hummeln sind ausschließlich Drohnen und Königinnen, jedoch keine Arbeiterinnen. Diese Rolle übernehmen die Wirtsarbeiterinnen, die die Brut der Kuckuckshummel mit Nektar und Pollen versorgt. Am Ende stirbt das Männchen, und das Weibchen überwintert geschützt in einer Erdhöhle.

Eryngium campestre

Eryngium agavifolium

Wo soll man bei der Fülle an Euphorbien beginnen, wo es doch so viele trockenheitsverträgliche und schöne Pflanzen unter ihnen gibt? Als Erstes möchte ich *Euphorbia cyparissias*, eine im deutschsprachigen Raum häufig vorkommende Art, erwähnen. Sie ist eine der ersten Blüher in unseren Beeten, der die aufwachenden Bienen nach der Winterzeit mit wertvollem Nektar versorgt. Und das Feuerwerk im Herbst, mit seinen Farben von Rot bis Gelb, ist beeindruckend. Aber auch *Euphorbia amygdaloides* 'Purpurea' in Rot ist eine Augenweide, und *Euphorbia characias* 'Tasmanian Tiger' mit seinen bunt-weißen Blättern ist eine wundervolle Leitstaude. *Euphorbia martinii* 'Ascot' ist nach vier Jahren in meinem Garten leider ganz verschwunden und *Euphorbia myrisinites* verwende ich inzwischen trotz ihrer Schönheit nur noch sehr selten, da sie im Nördlichen Burgenland sehr invasives Verhalten aufzeigt. Achtung! Der Name Wolfsmilch ist bereits ein Hinweis auf ihre ätzende Flüssigkeit, beim Schneiden ist also Vorsicht geboten. Aber nichtsdestotrotz ist die Zypressen-Wolfsmilch eine tolle Pflanze für jeden Garten!

Beliebt bei

Nachtfalter-Raupen

- *Euphorbia cyparissias* Zypressen-Wolfsmilch → **27 Arten, davon 4 spezialisiert**
- *Euphorbia amygdaloides* Mandelblättrige Wolfsmilch und Sorten → **10 Arten**
- *Euphorbia characias* Palisaden Wolfsmilch und Sorten → **9 Arten**
- *Euphorbia myrsinites* Walzen-Wolfsmilch → **9 Arten**
- *Euphorbia x martinii* dürfte ähnliche Insekten wie *E. characias* ansprechen.

Wildbienen (Pollen)

- *Euphorbia amygdaloides* Mandelblättrige Wolfsmilch und Sorten → **1 Art**

Besonderheit: Achtung: Der Milchsaft der Wolfsmilch ist ätzend, bei Augenkontakt droht Erblindung!

ZYPRESSEN-WOLFSMILCH

Euphorbia cyparissias

Höhe: 30 cm
Staudentyp: bodendeckende Staude
Standort: sonnig
Wasserbedarf: trocken
Boden: mineralisch, durchlässig, humos
Strategie-Typ: S, R und K
Frost: winterhart

Euphorbia amygdaloides 'Purpurea'

Euphorbia characias 'Tasmanian Tiger'

Falter

Raupe

Englischer Bär ***Arctia festiva***

Univoltin, Flugzeit: IV bis VII, polyphage Art,
Flügelspannweite: 45–60 mm
Pflanze: *Euphorbia cyparissias*

Dieser wunderschöne, nachtaktive Schmetterling zählt zur Familie der Bärenspinner. Es gibt einige schöne Vertreter unter ihnen, wie den Schwarzen Bär, den Tigerbär oder den Russischen Bär, um nur einige zu nennen. Sie sind der lebende Beweis dafür, welche Farbenpracht es unter den Nachtfaltern gibt. Die Raupen des Englischen Bären sind polyphag und ernähren sich von Wolfsmilch, aber auch von Wegerich oder Löwenzahn. Ihre bevorzugten Lebensräume sind trocken, warm und kalkreich, und mit etwas Glück kann man diesen seltenen Vertreter nördlich der Alpen in der Dämmerung entdecken.

Euphorbia martinii 'Ascot'

Euphorbia myrisinites

KLEINES MÄDESÜSS

Filipendula vulgaris

Höhe: 50 cm
Staudentyp: Gerüststaude
Standort: sonnig
Wasserbedarf: trocken
Boden: mineralisch
Strategie-Typ: S und R
Frost: winterhart

Filipendula ulmaria

Filipendula rubra

Wer gerne heimische Wildstauden verwendet, für den ist das Kleine Mädesüß eine tolle Bereicherung für jedes naturalistische Staudenbeet an trockenen und heißen Standorten. Viele tolle Falter, aber auch Käfer und Bienen lieben diese Pflanze, und wer eine wertvolle Heilpflanze sucht, dem kann ich die größere Variante *Filipendula ulmaria* ans Herz legen. Auch wenn sie einen feuchten Standort braucht, ihr Gehalt an Salicylsäure ist bedeutend und so darf sie auch in Form von Tees in keiner Hausapotheke fehlen. Es gibt auch eine amerikanische Art in Rosa. *Filipendula rubra* ist mit 150 cm Wuchshöhe ein wahrer Riese unter ihnen und erinnert mit ihren Blüten stark an Astilben.

Adult

Wiesenhummel
Bombus pratorum

Sozial, Flugzeit: ab III, polylektische Art, Länge: Königin: 15–17 mm, Arbeiterinnen und Drohne: 14 mm, Volkgröße: 50–120 Tiere
Pflanze: *Filipendula vulgaris, F. ulmaria, F. rubr*

Die jungen Königinnen der Wiesenhummeln sind im zeitigen Frühling ganz auf sich gestellt, auf der Suche nach einem passenden Unterschlupf für ihr zukünftiges Volk. Dabei muss dieser ca. 50–120 Tieren Platz bieten. Sie sind dabei nicht sehr wählerisch. Es können Mauernischen, aber auch diverse Gehölze oder auch alte Mausbauten dafür dienen. Für ihre Nahrungsaufnahme bedienen sie sich an über 130 Pflanzenarten. Sie ernähren sich von Ziest, Kastanien, Taubnesseln, Stachelbeeren und eben auch von Mädesüß, ein typischer Kulturfolger, und sind nicht selten in Gärten in Europa anzutreffen.

Beliebt bei

Tagfalter-Raupen
- *Filipendula vulgaris* Kleines Mädesüß → **1 Art**
- *Filipendula ulmaria* Echtes Mädesüß → **6 Arten**

Nachtfalter-Raupen
- *Filipendula vulgaris* Kleines Mädesüß → **1 Art**
- *Filipendula ulmaria* Echtes Mädesüß → **11 Arten**

Wildbienen (Pollen)
- *Filipendula vulgaris* Kleines Mädesüß → **36 Arten**
- *Filipendula ulmaria* Echtes Mädesüß → **36 Arten**
- *Filipendula rubra* Amerikanisches Mädesüß → **28 Arten**

Hummeln
- *Filipendula vulgaris* Kleines Mädesüß → **1 Art**
- *Filipendula ulmaria* Echtes Mädesüß → **1 Art**
- *Filipendula rubra* Amerikanisches Mädesüß → **1 Art**

Kulinarik: Die Blüten von *Filipendula ulmaria* eignen sich für die Herstellung von Limonade oder Tee, ihre Blätter für Spinat etc.

Rezept Mädesüß-Sirup: Die Blüten und einen Teil der oberen Blätter von einem großen Bund Mädesüß ernten und antrocknen. Dann mit heißem Wasser übergießen und nach circa vier Stunden mit 1 kg Zucker und 25 g Zitronensäure vermengen. Anschließend das Wasser nochmals erhitzen, wobei der Zucker aufgelöst wird. Zuletzt heiß in Flaschen abfüllen. Diese sorgfältig verschließen und umlegen.

Heilwirkung: *Filipendula ulmaria:* Salicylsäure

ECHTES LABKRAUT

Galium verum

Höhe: 60 cm
Staudentyp: bodendeckende Staude, Gerüststaude
Standort: sonnig
Wasserbedarf: trocken
Boden: mineralisch
Strategie-Typ: S und R
Frost: winterhart

Das Echte Labkraut ist eines meiner Favoriten unter unseren heimischen Blütenstauden. Sie ist unglaublich genügsam, verträgt Trockenheit und erfrischt jedes Staudenbild mit ihrer gelben Farbe.

Außerdem besitzt die Pflanze Labferment, das in der Käseherstellung eine Rolle spielte und heute noch im Chesterkäse verwendet wird. Des Weiteren wird es zum Einfärben von Getränken eingesetzt. Auch der nahe Verwandte Waldmeister ist in Europa schon lange im Gebrauch, zum Beispiel als Zutat für Bowlen. Aber etwas Vorsicht, nicht zu viel davon zu sich nehmen, sonst bekommt man, vom Inhaltsstoff Cumarin verursacht, Kopfschmerzen! Ansonsten verwende ich noch *Galium rubioides* oder *Galium glaucum* in Weiß. Bei allen ist immer etwas Vorsicht geboten, da sie mit ihren Wurzelausläufern zum Wuchern neigen. Und wenn *Galium* zu gut mit Nährstoffen versorgt wird, kann sie unschön umfallen und Nachbarn damit abdecken. Abhilfe schafft, wenn man die Pflanze nach der Blüte zurückschneidet und damit schwächt (Pinzieren). *Galium ruboides* braucht frischen und humosen Boden, im Gegensatz zu *Galium glaucum*, der ein wahrer Trockenheitskünstler ist.

Beliebt bei

Tagfalter-Raupen

- *Galium verum* Echtes Labkraut→ **1 Art, spezialisiert**

Nachtfalter-Raupen

- *Galium verum* Echtes Labkraut→ **96 Arten, davon 25 spezialisiert**
- *Galium glaucum* Blaugrünes Labkraut→ **68 Arten, davon 13 spezialisiert**
- *Galium odoratum* Waldmeister→ **67 Arten, davon 15 spezialisiert**
- *Galium rubioides* dürfte ähnliche Insekten wie *Galium glaucum* ansprechen.

Wildbienen (Pollen)

- *Galium verum* Echtes Labkraut→ **3 Arten**
- *Galium glaucum* Blaugrünes Labkraut→ **1 Art**
- *Galium odoratum* Waldmeister→ **1 Art**
- *Galium rubioides* dürfte ähnliche Insekten wie *Galium glaucum* ansprechen.

Galium rubioides

Galium glaucum

Falter

Raupe

Taubenschwänzchen
Macroglossum stellatarum

Trivoltin, Flugzeit: VI, VII und VIII bis IX, polyphage Art, Wanderfalter (Afrika/Europa), Flügelspannweite: 36–50 mm
Pflanze: *Galium verum, G. glaucum, G. ordoratum*

Das Taubenschwänzchen ist ein tagaktiver Nachtfalter, der aufgrund seines Flugverhaltens häufig mit einem Kolibri verwechselt wird. Im Gegensatz zu seinen großgewachsenen, farbprächtigen Tagfalter-Kollegen, die oft im Wind hin- und hergeweht werden, ist das Taubenschwänzchen ein Bollwerk im Wind. Geschickt manövriert es von Blüte zu Blüte und fasziniert, wie es mit seinem langen Rüssel wie ein Kolibri in der Luft steht. Ich habe dieses Tier schon bei knapp um den Gefrierpunkt fliegen gesehen. Übrigens: Der Name „Taubenschwänzchen" stammt von dem kleinen Haarbüschel am Hinterleib, der an den Schwanz einer Taube erinnert.

Galium odoratum

Kulinarik: *Galium odoratum* ist beliebt für Kräuterbowle und Tees.

Heilwirkung: *Gallium odoratum* wirkt krampflösend und ist geeignet für Kräuterkissen.
Rezept Waldmeisterbowle: 2 Liter Wasser mit 100 g Zitronensäure und 1 kg Zucker erhitzen, bis sich dieser gelöst hat. Die Flüssigkeit noch heiß über das abgewelkte Kraut eines großen Bundes Waldmeister gießen und die beiden in Scheiben geschnittenen Zitronen untermengen. Diesen Ansatz nach etwa 3 Tagen abseihen, mit weiteren 2 kg Zucker versetzen, erhitzen und bei etwa 80 °C abfüllen. Die Flaschen nach dem Befüllen sofort verschließen und umlegen.

Besonderheit: Bei zu häufigem Gebrauch leberschädigend! Dies liegt am Inhaltsstoff Cumarin, der auch Bestandteil von Rattengift ist.

Gaura lindheimeri 'Siskiyou Pink'

Diese tolle Präriestaude kann ich nur empfehlen, und auch wenn ihre Lebensdauer relativ kurz ist, findet sie immer wieder einen geeigneten Platz im Garten, wo sie sich aussät, dabei aber nie wirklich lästig wird. Wer auf der Suche nach einer reinweißen Form ist, dem kann ich *Gaura lindheimeri* 'Cool Breeze' empfehlen, und für einen tollen Farbtupfer verwende ich sehr gerne *Gaura lindheimeri* 'Siskiyou Pink'. Karl Foerster, ein bekannter Staudenzüchter, unterteilte Pflanzen in Harfen und Pauken – die Prachtkerze verkörpert für mich die typische Harfe unter den Stauden.

Beliebt bei

Wildbienen (Pollen)

- *Gaura (Oenothera) lindheimeri* Prachtkerze und Sorten → **1 Art**

Besonderheit: *Gaura lindheimeri* ist insektenfreundlich und eine Bereicherung für jeden Garten mit schwierigem Standort.

Adult

Garten-Blattschneiderbiene
Megachile willughbiella

Univoltin, Flugzeit: VI bis IX, polylektische Art, Länge: Weibchen: 12–15 mm, Männchen: 13–14 mm
Pflanze: *Gaura lindheimeri*

Diese in Europa sehr häufig vorkommende Art ist sehr genügsam, was ihre Behausung anbelangt. Dabei werden verschiedenste Hohlräume in Trockensteinmauern, aber auch verlassene Bruthöhlen von anderen Wildbienen, morsches Holz u.v.m. dankend angenommen. Und auch wenn sie heimische Schmetterlingsblütler als Nahrungsquelle bevorzugt, ist sie Neophyten wie der Prachtkerze nicht abgeneigt. Wie der Name bereits verrät, schneidet (oder besser beißt) sie Stücke von Blättern ab, um diese zum Auskleiden und Verschließen der Bruthöhle zu verwenden. Diese abgetrennten Blätter sind ein guter Hinweis, um das Tier im Garten zu finden, denn sie lebt häufig in Gärten und Parks.

PRACHTKERZE

Oenothera lindheimeri
(Syn. *Gaura lindheimeri*)

Höhe: 100 cm
Staudentyp: Gerüststaude
Standort: sonnig
Wasserbedarf: trocken
Boden: mineralisch
Strategie-Typ: S und R
Frost: winterhart

BLUT-STORCHEN-SCHNABEL

Geranium sanguineum

Höhe: 30 cm
Staudentyp: bodendeckende Staude, Gerüststaude
Standort: sonnig, halbschattig
Wasserbedarf: trocken, mittel
Boden: mineralisch, durchlässig, humos
Strategie-Typ: S und K
Frost: winterhart

Geranium sanguineum 'Album'

Geranium renardii

Geranium phaeum

Geranium robertianum

Wer kennt sie nicht, die große Gruppe der Storchenschnäbel? Ich denke, jeder unter den Pflanzenliebhabern hat darunter seine Lieblinge. Ich möchte stellvertretend für viele Pflanzen mit dem Blut-Storchenschnabel beginnen. Der Name verweist auf die blutstillende Wirkung der Gerbstoffe in der Wurzel. Aber die Pflanze ist vor allem eine wundervolle heimische Staude für den trockenen Gehölzrand. Wer eine Variante in Weiß sucht, dem kann ich *Geranium sanguineum* 'Album' empfehlen. Für die pralle Sonne kommt *G. renardii* oder auch *G. renardii* 'Phillippe Vapelle' in Violett zum Einsatz. Ein sehr guter Bodendecker ist *Geranium macrorrhizum*, zum Beispiel die Sorte 'Freundorf', jedoch erlebe ich häufiger, dass der Geruch der Pflanze für viele Menschen ein Problem darstellt. Auch mit Vorsicht würde ich *Geranium phaeum* und *G. robertianum* verwenden, da sie sich ungehemmt über Samen vermehren. Ansonsten bediene ich mich noch am großen Sortiment der *Geranium pratense*-Sorten, wie zum Beispiel 'Johnsons Blue' und natürlich dem Dauerblüher *G. pratense* 'Rozanne'. Der Blut-Storchenschnabel sollte in keinem Garten fehlen!

Beliebt bei

Tagfalter-Raupen
- *Geranium sanguineum* Blut-Storchenschnabel und Sorten → **5 Arten, davon 1 spezialisiert**
- *Geranium pratense* Wiesen-Storchenschnabel und Sorten → **3 Arten, davon 1 spezialisiert**

Nachtfalter-Raupen
- *Geranium sanguineum* Blut-Storchenschnabel und Sorten → **7 Arten**
- *Geranium renardii* Kaukasus-Storchenschnabel und Sorten → **4 Arten**
- *Geranium phaeum* Brauner Storchenschnabel → **4 Arten**
- *Geranium robertianum* Ruprechtskraut → **5 Arten**
- *Geranium pratense* Wiesen-Storchenschnabel und Sorten → **9 Arten**

Wildbienen (Pollen)
- *Geranium sanguineum* Blut-Storchenschnabel und Sorten → **4 Arten**
- *Geranium renardii* Kaukasus-Storchenschnabel und Sorten → **3 Arten**

Geranium pratense 'Johnsons Blue'

Geranium pratense 'Rozanne'

Raupe

Falter

Kleines Nachtpfauenauge *Saturnia pavonia*

Univoltin, Flugzeit: IV bis V, polyphage Art, Flügelspannweite: 60–85 mm
Pflanze: *Geranium sanguineum*

Das Kleine Nachtpfauenauge ist einer der schönsten Nachtfalter, die es in Europa gibt, und das Besondere dabei ist, dass die Männchen tagaktiv sind, im Gegensatz zu deren Weibchen. Das heißt, die weiblichen Falter senden Pheremone aus, die von den Männchen über Kilometer erschnuppert werden. Diese machen sich auf die Suche nach den weiblichen Tieren, die den Tag auf Ästen verbringen und die Dämmerung abwarten. Somit kann man diese wundervollen Geschöpfe auch am Tage bewundern. Der Kokon der Raupen ist bei der Ausgangspforte mit Borsten geschützt, die eine unüberwindbare Barriere für Fressfeinde darstellen. Aufgrund dieses besonderen Schutzes sind diese Nachtfalter in Europa noch häufig anzutreffen.

- *Geranium macrorrhizum* Balkan-Storchenschnabel und Sorten → **3 Arten**
- *Geranium phaeum* Brauner Storchenschnabel → **3 Arten**
- *Geranium robertianum* Ruprechtskraut → **3 Arten**
- *Geranium pratense* Wiesen-Storchenschnabel und Sorten → **3 Arten**

Hummeln

- *Geranium sanguineum* Blut-Storchenschnabel und Sorten → **2 Arten**
- *Geranium renardii* Kaukasus-Storchenschnabel und Sorten → **2 Arten**
- *Geranium macrorrhizum* Balkan-Storchenschnabel und Sorten → **2 Arten**
- *Geranium phaeum* Brauner Storchenschnabel → **2 Arten**
- *Geranium robertianum* Ruprechtskraut → **2 Arten**
- *Geranium pratense* Wiesen-Storchenschnabel und Sorten → **2 Arten**

Kulinarik: *Geranium pratense* eignet sich für Salate, Suppen oder Spinat.

Heilwirkung: *Geranium pratense* wirkt entzündungshemmend.

RISPIGES SCHLEIERKRAUT

Gypsophila paniculata

Höhe: 100 cm
Staudentyp: Gerüststaude
Standort: sonnig
Wasserbedarf: trocken, mittel
Boden: mineralisch, durchlässig, humos
Strategie-Typ: S,R und K
Frost: winterhart

Das Schleierkraut hat zu Unrecht ein verstaubtes Image und wird oft auf Bauerngärten reduziert. Dabei kann diese Pflanzen so viel und schafft opulente Bilder wie kaum eine andere Pflanze! Ihr filigraner Aufbau inspiriert mich immer wieder aufs Neue und wer die Pflanze in Rosa sucht, der wird mit *Gypsophila paniculata* 'Flamingo' fündig. Sehr gerne verwende ich auch eine kleinere Variante mit 30 cm Höhe, *Gypsophila repens* und, noch kleiner in Rosa, *Gypsophila repens* 'Rosa Schönheit' sowie in Zartrosa *G. repens* 'Rosea'. Die Pflanze hält unglaublich viel Trockenheit aus und sucht sich immer wieder einen neuen Platz im Garten, ohne dabei lästig zu werden.

Gypsophila paniculata 'Flamingo'

Beliebt bei

Nachtfalter-Raupen

- *Gypsophila paniculata* Rispiges Schleierkraut und Sorten → **1 Art**
- *Gypsophila repens* Kriechendes Gipskraut und Sorten → **5 Arten**

Wildbienen (Pollen)

- *Gypsophila paniculata* Rispiges Schleierkraut und Sorten → **12 Arten**
- *Gypsophila repens* Kriechendes Gipskraut und Sorten → 12 Arten

Gypsophila repens 'Rosenschleier'

Gypsophila repens 'Rosa Schönheit'

Adult

Gewöhnliche Zwergsandbiene
Andrena minutula

Bivoltin, Flugzeit: IV bis V und VI bis VIII, polylektische Art, Länge: 5–7 mm
Pflanze: *Gypsophila paniculata, G. repens*

Wie es der Name bereits verrät, handelt es sich bei der Gewöhnlichen Zwergsandbiene um einen wahren Zwerg unter den Sandbienen. Mit nur 5–7 mm Körperlänge gräbt sie Röhren in lockeren Sand, wie es ihn in jeder Sandkiste und auf jedem Volleyballplatz gibt. Aber keine Angst: Nur weibliche Tiere besitzen einen Stachel, der zudem zu kurz ist, um in die menschliche Haut einzudringen. Wer diese Wildbienen im eigenen Garten begrüßen möchte, dem empfehle ich, ein sogenanntes „Sandarium" einzurichten. Dabei sucht man einen sonnigen Standort im Garten, befüllt einen Bereich von ca. 0,5 m² mit einer Tiefe von mindesten 50 cm mit klebrigem kalkhaltigem Sand.

Gypsophila repens 'Rosea'

Das Gelbe Sonnenröschen begleitet mich schon lange und erinnert mich jedes Jahr aufs Neue an meine Kindheit und meine Spaziergänge auf den heimischen Trockenrasen und ihre ersten gelben Tupfer, die den Winter verblassen lassen. *Helianthemum canum* ist eines meiner Lieblings-Bodendecker unter unseren heimischen Stauden, aber auch viele Zierformen wie *Helianthemum* x *cultorum* 'Bronzeteppich' oder auch *H.* x *cultorum*

'Lawrensons Pink' verwende ich sehr häufig. Wer die Blattfarbe Silber bevorzugt, dem kann ich *H.* x *cultorum* 'The Bride' sehr ans Herz legen.

Beliebt bei

Tagfalter-Raupen

- *Helianthemum nummularium* Gelbes Sonnenröschen → **13 Arten, davon 4 spezialisiert**

Nachtfalter-Raupen

- *Helianthemum nummularium* Gelbes Sonnenröschen → **12 Arten, davon 6 spezialisiert**
- *Helianthemum canum* Graues Sonnenröschen → **6 Arten, davon – 3 spezialisiert**

Wildbienen (Pollen)

- *Helianthemum nummularium* Gelbes Sonnenröschen → **32 Arten, davon 1 spezialisiert**
- *Helianthemum canum* Graues Sonnenröschen → **15 Arten, davon 1 spezialisiert**

Hinweis: *Helianthemum cultorum* dürfte ähnliche Insekten wie *H. nummularium*, mit Ausnahme der Spezialisten, ansprechen.

GELBES SONNENRÖSCHEN

Helianthemum nummularium

Höhe: 25 cm
Staudentyp: bodendeckende Staude
Standort: sonnig
Wasserbedarf: trocken
Boden: mineralisch, durchlässig, humos
Strategie-Typ: S und K
Frost: winterhart

Helianthemum canum

Helianthemum x cultorum 'Bronzeteppich'

Adult

Idas-Bläuling
Plebejus idas

Univoltin (südlich bivoltin), Flugzeit: VI bis VIII, oligophage Art (Schmetterlingsblütler und Heidekrautgewächse), Flügelspannweite: 14–16 mm
Pflanze: *Helianthemum nummularium*

Der Idas-Bläuling hat eine Vorliebe für Schmetterlingsblütlern, daher auch sein weiterer Name Ginster-Bläuling. Jedoch verschmähen deren Raupen auch Pflanzen außerhalb dieser Gruppe nicht, wie man beim Korbblütler, dem Sonnenröschen, feststellen kann. Dabei sucht das bräunliche Weibchen, im Gegensatz zum kräftig-blauen Männchen, die passende Futterpflanze, um ihre Eier daran abzulegen. Dabei muss eine passende Ameisenkolonie, meist der Gruppe Formica, in der Nähe sein, da die Raupen myrmekophiles Verhalten aufweisen. Das zusammengesetzte Wort aus Ameise (Myrmeko-) und Freundschaft (philia), suggeriert, dass es sich hierbei um eine harmonisches Zusammenleben handelt, aber weit gefehlt! Die Raupe bedient sich schamlos am «All-inklusive-Buffet» und geht dabei so weit, dass sie die Brut der Ameisen verspeist. Eine faszinierende Lebensgemeinschaft und ein weiteres kleines Wunder in dieser komplexen Insektenwelt!

Helianthemum x cultorum 'Lawrensons Pink'

Helianthemum x cultorum 'The Bride'

CURRYKRAUT

Helichrysum italicum

Höhe: 45 cm
Staudentyp: bodendeckende Staude, Gerüststaude
Standort: sonnig
Wasserbedarf: trocken
Boden: Mineralisch
Strategie-Typ: S und K
Frost: winterhart (Weinbauklima)

Helichrysum arenarium

Helichrysum milfordiae

Helichrysum bellum

Das Currykraut ist eine unglaublich robuste Pflanze bezüglich Hitze und Trockenheit und ein Lückenfüller für schwierigste Standorte. Als Gewürzkraut kommt es bei mir aufgrund des strengen Geschmackes sehr selten zum Einsatz. Aber ich liebe diese kräftigen silbernen Blätter und *Helichrysum* darf in an Garrigue angelehnten Bepflanzungen nicht fehlen. Wer auf der Suche nach einer kleineren Variante von *Helichrysum italicum* ist, dem kann ich *H. arenarium* empfehlen. Es gibt auch Varianten in Weiß, wie zum Beispiel die Polsterstaude *Helichrysum milfordiae* mit herrlichen silbernen Blättern oder, in Grün, *H. bellum*. Das Curry-Kraut ist nicht immer ganz winterhart, daher empfehle ich einen trockenen und heißen Standort, am besten südseitig, vor einem Mauerwerk.

Adult

Geröllsteppen-Zwergeule
Eublemma parva

Polyvoltin (Frühling bis Herbst), Wanderfalter (Afrika/Europa), oligophage Art (Korbblütler), Flügelspannweite: 14–18 mm
Pflanze: *Helichrysum italicum*

Dieser wunderschöne Nachtfalter ist ein Profiteur vom Klimawandel. Ursprünglich beheimatet im mediterranen Raum, wandert er immer häufiger in südliche Teile Mitteleuropas ein. Dabei besiedelt er trockene und heiße Steppengebiete, bestückt mit den passenden Futterpflanzen wie *Helichrysum*-, *Centaurea*- und *Inula*-Arten. Mit etwas Glück und der passenden Umgebung begegnet man vielleicht auch diesem tollen Falter im eigenen Garten.

Beliebt bei

Tagfalter-Raupen
- *Helichrysum italicum* Currykraut → **1 Art**

Nachtfalter-Raupen
- *Helichrysum italicum* Currykraut → **2 Arten**
- *Helichrysum arenarium* Sand-Strohblume → **3 Arten, davon 1 spezialisiert**

Wildbienen (Pollen)
- *Helichrysum italicum* Currykraut → **71 Arten, davon 13 spezialisiert**
- *Helichrysum arenarium* Sand-Strohblume → **71 Arten, davon 11 spezialisiert**

Hummeln
- *Helichrysum italicum* Currykraut → **1 Art**
- *Helichrysum arenarium* Sand-Strohblume → **1 Art**

Hinweis: *Helichrysum milfordiae* und *H. bellum* dürften ähnliche Insekten wie *Helichrysum*, mit Ausnahme der Spezialisten, ansprechen.

Kulinarik: Das Currykraut eignet sich gut zum Würzen deftiger Fleischgerichte. Der Name ist etwas irreführend, da *Helichrysum* kein Bestandteil von Curry ist, jedoch erinnert der Geschmack etwas an die indische Küche.

Heilwirkung: Unterstützt die Verdauung, wirkt krampflösend und entzündungshemmend, ist aber auch gut als Teeaufguss gegen Husten oder Halsschmerzen einsetzbar.

KORSISCHE NIESWURZ

Helleborus lividus* subsp. *corsicus
(Syn. *Helleborus argutifolius*)

Höhe: 45 cm
Staudentyp: Gerüststaude
Standort: halbschattig, schattig
Wasserbedarf: trocken, mittel
Boden: durchlässig, humos
Strategie-Typ: S und K
Frost: winterhart

Helleborus foetidus

Helleborus niger

Christrosen sind eine meiner Lieblingspflanzen und ein absolutes Muss im trockenen Halb- bis Vollschatten. Vor allem *Helleborus argutifolius* zeichnet sich durch ihre Trockenheitsverträglichkeit aus. *Helleborus foetidus* ist nicht ganz so trockenheitsverträglich, aber sie punktet dafür mit wunderschönen, grünen Blüten und dunkelgrünem, gefiedertem Laub. Wer sich über eine frühe Blüte freut, dem empfehle ich *Helleborus niger*. Ich verwende sie gerne im Eingangsbereich von Wohnhäusern, um den Winter zu verkürzen, denn sie zeigt ihre weißen Blüten bereits im Dezember und Januar. Wer farbenfrohere Blüten mag, dem empfehle ich die Gruppe der *H. orientalis*.

Helleborus orientalis

Adult

Feldweg-Schmalbiene
Lasioglossum malachurum

Eusozial, Flugzeit: III bis X, polylektische Art, Länge: 8–9 mm
Pflanze: *Helleborus argutifolius, H. foetidus, H. niger, H. orientalis*

Die Feldweg-Schmalbiene zählt zur Gruppe der Schmalbienen, die mit circa 71 Arten in Mitteleuropa vertreten sind. Im Gegensatz zu den meisten der Schmalbienen-Arten kommt die Pförtner-Schmalbiene, wie sie auch genannt wird, noch sehr häufig vor. Dies liegt sicherlich an dem breitem Nahrungsangebot, wie zum Beispiel Senf-Arten, Raps oder Weißer Klee, die in der Landwirtschaft häufig großflächig angebaut werden. Als Nester bevorzugt die Königin Löß-, Sand- oder auch Lehmböden, in die sie ihre Nester gräbt.

Beliebt bei

Nachtfalter-Raupen
- *Helleborus niger* Schneerose → **1 Art**

Wildbienen (Pollen)
- *Helleborus argutifolius* Korsische Nieswurz → **17 Arten**
- *Helleborus foetidus* Stinkende Nieswurz → **20 Arten**
- *Helleborus niger* Schneerose → **20 Arten**
- *Helleborus orientalis* Orientalische Nieswurz → **17 Arten**

Besonderheit: Achtung: Schwere Vergiftungen können schon nach dem Verzehr von nur 3 reifen Samenkapseln von *Helleborus niger* eintreten. *Helleborus virides* und *H. foetidus* können für Tiere giftig sein.

Heilwirkung: In der früheren Vergangenheit war diese Pflanze ein wichtiges Heilmittel in der Behandlung von Geisteskrankheiten, da man dachte, man könne diese durch Niesen heilen. Dazu wurde die Wurzel der Pflanze getrocknet, gerieben und als Niespulver verwendet.

ECHTES JOHANNISKRAUT

Hypericum perforatum

Höhe: 50 cm
Staudentyp: Gerüststaude, Füllstaude
Standort: sonnig
Wasserbedarf: trocken
Boden: mineralisch, durchlässig, humos
Strategie-Typ: S und R
Frost: winterhart

Das Echte Johanniskraut entdeckte ich das erste Mal während meiner Ausbildung zum Kräuterpädagogen für mich und es ist heute aus meiner Hausapotheke nicht mehr wegzudenken. Auch wenn *Hypericum perforatum* relativ kurzlebig ist, sät sie sich im Garten immer wieder verlässlich aus, ohne wirklich lästig zu werden. Als immergrünen Bodendecker verwende ich sehr gerne *Hypericum calycinum*, als Zwergstrauch *H. x cultorum* 'Hidcote', und auch diese beiden Pflanzen überzeugen mit ihrem Erscheinungsbild. Und wer auf der Suche nach einer Pflanze für trockene Mauerfugen ist, dem kann ich *Hypericum polyphyllum* 'Grandiflorum' empfehlen.

Beliebt bei

Nachtfalter-Raupen
- *Hypericum perforatum* Echtes Johanniskraut → **23 Arten, davon 8 spezialisiert**
- *Hypericum calycinum* Großkelchiges Johanniskraut → **10 Arten, davon 4 spezialisiert**
- *Hypericum polyphyllum* Polster-Johanniskraut und Sorten → **10 Arten, davon 4 spezialisiert**

Wildbienen (Pollen)
- *Hypericum perforatum* Echtes Johanniskraut → **19 Arten**
- *Hypericum calycinum* Großkelchiges Johanniskraut → **4 Arten**
- *Hypericum polyphyllum* Polster-Johanniskraut und Sorten → **4 Arten**

Hummeln
- *Hypericum perforatum* Echtes Johanniskraut → **1 Art**
- *Hypericum calycinum* Großkelchiges Johanniskraut → **1 Art**
- *Hypericum polyphyllum* Polster-Johanniskraut und Sorten → **1 Art**

HINWEIS: *Hypericum cultorum* dürfte ähnliche Insekten *wie H. calycinum*, mit Ausnahme der Spezialisten, ansprechen.

Kulinarik: *Hypericum perforatum* eignet sich für Tee, Bitterlikör, Schnaps etc. Die Triebspitzen können als Salatzutat, für Suppen etc. verwendet werden.

Heilwirkung: *Hypericum perforatum wird* als Ölauszug bei Wunden, Verbrennungen, Insektenstichen oder Sonnenbrand sowie bei Muskelverspannungen, Ischias und rheumatischen Beschwerden angewendet.

Hypericum polyphyllum 'Grandiflorum'

Adult

Augentrost-Blütenspanner
Eupithecia laquaearia

Bivoltin, Flugzeit: V bis VI und VI bis VII, oligophage Art (Euphrasia und Odontites), Flügelspannweite: 17–19 mm
Pflanze: *Hypericum perforatum, H. calycinum, H. polyphyllum*

Der Augentrost-Blütenspanner zählt zur Gruppe der Blütenspanner, und wie es bereits der deutsche Name verrät, sind sie wahre Blüten-Feinschmecker. Nördlich der Alpen kommt der Augentrost-Blütenspanner noch sehr selten vor, was sich südlich Richtung Mittelmeer ändert.

Da er warmes Klima bevorzugt, wird er ein Profiteur des Klimawandels sein. Leider wird dieser Falter jedoch stark von künstlichem Licht angezogen, wo er sich häufig seine Flügel verbrennt oder vor Erschöpfung stirbt. Daher sollte man Licht in der Nacht immer bewusst (und sparsam) verwenden, und wenn man Johanniskraut-Blüten aberntet, zuvor kontrollieren, ob sich darin ein Gelege vom Blütenspanner oder anderen Tieren befindet.

Hypericum calycinum

Hypericum cultorum 'Hidcote'

Die Schleifenblume ist eine meiner Lieblingspolsterstauden. Sehr genügsam lebt sie auf oft schwierigsten Standorten wie Mauerkronen oder Fugenbepflanzungen. Jedes Jahr im zeitigen Frühling überrascht sie mich aufs Neue mit ihren schönen weißen Blüten. Ihr immergrünes Laub bringt noch in der dunkelsten Jahreszeit Farbe in den Garten. Und wenn ihr der Standort zusagt, sät sie sich auch immer wieder aus, wird dabei aber nie lästig.

Beliebt bei

Tagfalter-Raupen

- *Iberis sempervirens* Immergrüne Schleifenblume → **7 Arten, davon 1 spezialisiert**

Wildbienen (Pollen)

- *Iberis sempervirens* Immergrüne Schleifenblume → **32 Arten, davon 7 spezialisiert**

IMMERGRÜNE SCHLEIFENBLUME

Iberis sempervirens

Höhe: 15 cm
Staudentyp: bodendeckende Staude
Standort: sonnig
Wasserbedarf: trocken
Boden: mineralisch, durchlässig, humos
Strategie-Typ: S, K und R
Frost: winterhart

Kleiner Kohlweißling, adult

Raupe

Großer Kohlweißling, adult

Raupe

Großer Kohlweißling ***Pieris brassicae***

Bivoltin, Flugzeit: III bis X, oligophage Art (Kreuzblütler), Flügelspannweite: 60 mm
Pflanze: *Iberis sempervirens*

Kleiner Kohlweißling ***Pieris rapae***

Polyvoltin, Flugzeit: III bis XI (4 Generationen), polyphage Art, Flügelspannweite: 40–50 mm
Pflanze: *Iberis sempervirens*

Im deutschen Namen steckt es bereits drin: Diese beiden Falter sind auf Kreuzblütler spezialisiert. Dabei nehmen die Raupen der beiden Schmetterlinge beim Fressen die scharf schmeckenden Stoffe, die Senföl-Glycoside, auf, um so über Umwege selbst giftig zu werden. Kreuzblütler sind zwar meist sehr kurzlebig, aber die Schleifenblume ist eine Ausnahme und bietet die Möglichkeit, diese wunderschönen Falter im Garten anzusiedeln. Die Raupen der beiden Falter unterscheiden sich nicht nur in ihrer Größe, sondern auch in der Farbe. Beim Großen Kohlweißling sind die Raupen grün, gelb und schwarz, im Gegensatz zum Kleinen Kohlweißling, wo die Raupen rein grün sind.

HOHE BART-IRIS

Iris barbata-eliator

Höhe: 70–90 cm
Staudentyp: Gerüst- und Leitstaude
Standort: sonnig
Wasserbedarf: trocken, mittel
Boden: mineralisch, durchlässig, humos
Strategie-Typ: S und K
Frost: winterhart

Iris variegata

Iris spuria

Iris reticulata

Iris pumila

Die Iris ist eine meiner Lieblingsstauden! Alleine in meinem Garten zähle ich mehr als 35 Arten und Sorten und trotzdem bekomme ich nicht genug von ihnen. Das lanzettliche Laub unterteilt wunderbar Räume von Staudenbeeten und die aufrechte Form lässt sich zum Beispiel mit italienischen Zypressen wunderbar wiederholen. Unter unseren heimischen Iris-Arten finden sich wunderschöne wie zum Beispiel *Iris variegata* mit ihren tollen gelbfarbigen Blüten oder die Steppen-Iris *Iris spuria*. Ein Zwerg unter ihnen ist *Iris pumila* mit ihren verschiedenen Farben. Wer etwas für das zeitige Frühjahr sucht, dem lege ich *Iris reticulata*, die Netz-Iris, mit ihren vielen verschiedenen Farben ans Herz. Ich könnte diese Liste noch ewig fortsetzen, so viele schöne Iris-Arten gibt es.

Beliebt bei

Nachtfalter-Raupen

- *Iris barbata-eliator* Hohe Bart-Iris → **2 Arten**

Hummeln

- *Iris variegata* Bunte Schwertlilie → **1 Art**
- *Iris spuria* Steppen-Iris → **1 Art**
- *Iris pumila* Zwerg-Iris → **1 Art**
- *Iris reticulata* Netz-Iris → **Art**

Besonderheit: Die Blätter und Stängel von *Iris pseudacorus* sind giftig für Pferde, Rinder und Schafe sowie für Hasen und Kaninchen.

Zwerg Schwertlilie
Iris pumila

Die Zwerg Schwertlilie ist eine sogenannte Täuschblume, das heißt sie führt besuchende Bestäuber in die Irre, da es keinen Nektar zum Holen gibt. Merkt das Tier dass es hier nichts zu holen gibt, wird es eine violette Iris-Blüte nicht mehr anfliegen. Es sei denn die Blüte hat eine andere Farbe, wie zum Beispiel Weiß oder gelb, geht das Theater von vorne los bis die erwünschte Kreuzbestäubung vollzogen ist.

MAZEDONISCHE WITWENBLUME

Knautia macedonica

Höhe: 80 cm
Staudentyp: Gerüststaude
Standort: sonnig
Wasserbedarf: trocken, mittel
Boden: mineralisch, durchlässig, humos
Strategie-Typ: S und R
Frost: winterhart

Adult

Holzblatt-schneiderbiene
Megachile ligniseca

Univoltin, Flugzeit: VI bis VIII, polylektische Art, Länge: 12–16 mm
Pflanze: *Knautia macedonica, K. arvensis*

Wie der deutsche Name bereits vermuten lässt, hat diese solitär lebende Biene etwas mit Holz und Blättern zu tun. Die Holzblattschneiderbiene sucht ihre Niströhren gerne in altem Holz und nimmt dabei auch alte Baue anderer Tiere in Besitz. Mit Blättern formt sie Trennwände und deckt den Eingang ab. Auch wenn sie den klebrigen Salbei *Salvia glutinosa* bevorzugt, besucht sie auch immer wieder verschiedene *Knautia*-Arten.

Die Witwenblume verkörpert für mich, neben Skabiosen, den Wildblumen-Charakter einer Wiese. Nicht nur, dass sie ein Insektenmagnet ist, ihre tänzelnden Blütenköpfe in Kombination mit Gräsern und kerzenförmigen Blüten à la *Diptam* oder *Verbascum* suchen ihresgleichen. Die Witwenblume ist für mich ein Muss, wenn ich naturalistische Gärten plane. Unsere heimische Art *Knautia arvensis* kann ich nur empfehlen, auch, wenn man eine Alternative zu dem kräftigen Magenta-Ton von *Knautia macedonica* sucht.

Beliebt bei

Nachtfalter-Raupen
- *Knautia macedonica* Mazedonische Witwenblume → **5 Arten**
- *Knautia arvensis* Acker-Witwenblume → **11 Arten**

Wildbienen (Pollen)
- *Knautia macedonica* Mazedonische Witwenblume → **6 Arten**
- *Knautia arvensis* Acker-Witwenblume → **18 Arten, davon 5 spezialisiert**

Hummeln
- *Knautia arvensis* Acker-Witwenblume → **3 Arten**

Kulinarik: *Knautia arvensis* eignet sich als Salatzutat, für Gemüsegerichte etc.

Heilwirkung: *Knautia arvensis* wurde in der Vergangenheit als Heilmittel gegen die Pest angewendet.

ECHTER LAVENDEL

Lavandula angustifolia

Höhe: 40 cm
Staudentyp: Gerüststaude
Standort: sonnig
Wasserbedarf: trocken
Boden: mineralisch, durchlässig, humos
Strategie-Typ: S und K
Frost: winterhart

Lavandula angustifolia 'Hidcote'

Lavandula angustifolia 'Alba'

Adult

Heide-Erdhummel
Bombus cryptarum

Sozial, Univoltin, Flugzeit: III bis IX, polylektische Art, Länge: Königin: 18–20 mm, Arbeiterinnen: 9–16 mm und Drohne: 11–14 mm, Volkgröße: 70–150 Tiere
Pflanze: *Lavandula angustifolia*

Die schwarze, gefärbte Hummel mit zwei gelben Streifen und einem weißen Hinterteil weist die klassischen Farben einer Erdhummel auf. Ihr bevorzugtes Biotop ist das offene Gelände der Heide, wo sie vom Flachland bis ins Hochgebirge bis 2700 m Höhe vorkommt. Mit etwas Glück und dem passenden Erdreich, in dem sie ihre Nistbauten errichten kann, entdeckt man sie auch im eigenen Garten. Sehr gut eignen sich Randflächen mit offener Erde, wie zum Beispiel Gemüsebeete.

Der Echte Lavendel ist für mich *die* mediterrane Pflanze schlechthin und so darf sie in keinem südländisch geprägten Garten fehlen! Ich habe viele Sorten ausprobiert, aber für mich ist *Lavandula angustifolia* 'Hidcote' noch immer eine der besten kompakten und langblühenden Sorten und sie enttäuscht nie. Ich mag auch gerne die weiße Form 'Alba' und mit ihrem silbernen Laub ist sie eine Bereicherung für jedes Beet in diesen Farben. Zudem ist sie ein wahrer Insektenmagnet und lädt zum Tiere darauf Beobachten ein. Wenn die erste Blüte etwas zu karg ist, einfach zurückschneiden, Lavendel remontiert sehr gut.

Beliebt bei

Nachtfalter-Raupen
- *Lavandula angustifolia* Echter Lavendel und Sorten → **1 Art**

Wildbienen (Pollen)
- *Lavandula angustifolia* Echter Lavendel und Sorten → **26 Arten, davon 2 spezialisiert**

Hummeln
- *Lavandula angustifolia* Echter Lavendel und Sorten → **4 Arten**

Kulinarik: *Lavandula angustifolia* ist geeignet für Sirup, als Kräutergabe in der mediterranen Küche u.v.m. *Lavandula latifolia* jedoch sollte wegen seines seifenartigen Eigengeschmackes nicht in der Küche verwendet werden!

Heilwirkung: Lavendel gilt als beruhigend, angstlösend und hilft bei Schlafproblemen. Außerdem ist er schleimlösend und wirkt schmerzlindernd. Als Öl und Auszug für Tee anwendbar.

AUSDAUERNDER LEIN

Linum perenne

Höhe: 35 cm
Staudentyp: Gerüststaude, Füllstaude
Standort: sonnig
Wasserbedarf: trocken, mittel
Boden: mineralisch, durchlässig, humos
Strategie-Typ: S und R
Frost: winterhart

Linum austricaum

Linum flavum

Linum tenuifolium

Zwar gebe ich dem Österreichischen Lein *Linum austriacum* mit seiner Zartheit den Vorzug, jedoch ist dieser im Handel nicht immer leicht erhältlich und so verwende ich stattdessen häufig den optisch sehr ähnlichen Ausdauernden Lein *L. perenne*. Ich mag diese filigrane Pflanze, die ihre Blüten nur bis Mittag geöffnet hat. Auch *L. perenne* 'Albiflorum' in Weiß verwende ich sehr gerne, alleine schon deshalb, weil sie einen Monat später als die blaue Art blüht. Und wer den Flachs in Gelb gerne mag, dem kann ich *L. flavum* ans Herz legen. Einer meiner letzten Entdeckungen ist der Schmalblättrige Lein *L. tenuifolium*, die eine tolle Staude in unseren Trockenrasen ist und mit ihren zarten weißen Blüten überzeugt.

Biene mit Blüte am Nestbau

Leinbiene
Hoplitis mocsaryi

Univoltin, Flugzeit: V bis VII, oligolektische Art (Lein-Arten), Länge: 8–11 mm
Pflanze: *Linum perenne, L. austriacum, L. flavum, L. tenuifolium*

Die Leinbiene baut ihr Nest aus Blütenblättern der Leinpflanze. Sie benötigt dafür pro Brutzelle circa 30–50 Blütenblattstücke und kleidet damit die Innenwände ihres Nestes aus. Dann wird das Nest mit Pollen und Nektar vom Gelben und Roten Lein als Nahrung für die Larve bestückt. Anschließend legt die Leinbiene ein Ei, und dann wird der Nest-Eingang verschlossen.

Beliebt bei

Nachtfalter-Raupen
- *Linum perenne* Ausdauernder Lein und Sorten → **1 Arten**

Wildbienen (Pollen)
- *Linum perenne* Ausdauernder Lein und Sorten → **2 Arten**
- *Linum austriacum* Österreichischer Lein → **2 Arten**
- *Linum flavum* Gelber Lein → **2 Arten**
- *Linum tenuifolium* Schmalblättriger Lein → **2 Arten**

Kulinarik: Der Gemeine Lein *Linum usitatissimum* wird zur Herstellung von Leinöl in der Landwirtschaft genutzt. Leinsamen wird als Backware (als Ei-Ersatz) verwendet und kann roh in Müsli, Joghurt oder Smoothies gemischt werden.

Besonderheiten: Der Samen von *L. usitatissimum* ist für Pferde mit einem Gewicht von 500 kg ab ca. 2 kg feuchtem Samen (roh) giftig.
Die Flachsfasern vom Gemeinen Lein werden zu Leinenstoffen für Kleidung, Polstermöbel, aber auch zur Papiergewinnung verwendet.

Malven sind unglaublich schöne Leitstauden und mit ihren «Kerzen» ein absolutes Highlight jedes Staudenbeetes. Dabei ist die Wilde Malve eine der schönsten Wildstauden und vielleicht neben *Verbascum* oder *Diptam* kaum an Imposanz zu überbieten. Auch *Malva moschata* ist sehr zu empfehlen, wenn man eine etwas kleinere Art sucht. Ein weiteres Malvengewächs, dass bei mir immer wieder zur Anwendung kommt, ist *Alcea rosea* mit seinen unglaublich vielen Farben. Dabei ist eines meiner Lieblinge die fast schwarze Form *Alcea rosea* 'Nigra', aber auch die Spotlight-Serie mit *A. rosea* 'Polarstar' oder *A. rosea* 'Sunshine' finde ich sehr erfrischend. Man kann die Lebensdauer der Pflanze verlängern, in dem man sie an der Samenproduktion hindert. Eine neue Art *Sphaeralcea ambigua* 'Childerley' ist mir letzten Sommer das erste Mal begegnet. Sie kommt sehr gut mit Trockenheit zurecht. Die Wurzelausläufer sollte man im Auge behalten, da sie sich sehr schnell verbreiten.

Beliebt bei

Tagfalter-Raupen

- *Malva sylvestris* Wilde Malve → **5 Arten**
- *Malva moschata* Moschus-Malve → **1 Arten, davon 1 spezialisiert**
- *Alcea rosea* Stockrose → **1 Arten, davon 1 spezialisiert**

Nachtfalter-Raupen

- *Malva sylvestris* Wilde Malve → **4 Arten**
- *Malva moschata* Moschus-Malve → **4 Arten, davon 1 spezialisiert**

Wildbienen (Pollen)

- *Malva sylvestris* Wilde Malve → **1 Art, spezialisiert**
- *Malva moschata* Moschus-Malve → **1 Art, spezialisiert**

HINWEIS: *Alcea* und *Sphaeralcea* sind keine heimischen Stauden, dürften aber ähnliche Insekten wie *Malva*, mit Ausnahme der Spezialisten, ansprechen.

Kulinarik: *Malva sylvestris* ist für Salate, Suppen und als Kochgemüse verwendbar. Die Blüten sind essbar.

Heilwirkung: *Malva sylvestris* wirkt entzündungshemmend, adstringierend und beruhigend – als Salbe bei Hautirritationen oder als Tee gegen Husten und Magenbeschwerden.

WILDE MALVE

Malva sylvestris

Höhe: 70 cm
Staudentyp: Leitstaude
Standort: sonnig
Wasserbedarf: trocken, mittel
Boden: durchlässig, humos
Strategie-Typ: S und R
Frost: winterhart

Malva moschata

Alcea rosea 'Polarstar'

Alcea rosea 'Blacknight'

Alcea rosea 'Sunshine'

Adult

Malven-Dickkopffalter
Carcharodus alecea

Bivoltin, Flugzeit: V bis VI und VII bis IX, oligophage Art (Malvengewächse), Flügelspannweite: 23–30 mm
Pflanze: *Malva sylvestris*

Dieser Tagfalter mit großem Kopf (Name!) zählt in Europa circa 46 verschiedene Arten und viele unter ihnen sind oligophag, das heißt, sie sind häufig auf eine kleine Gruppe von Raupenfutterpflanzen spezialisiert. So ist zum Beispiel der Heilziest-Dickkopffalter auf Ziest spezialisiert und der Malven-Dickkopffalter auf Malven. Dabei bevorzugt er *Malva moschata*, aber auch *M. alcea*, *M. neglecta* oder *Alcea rosea* werden gerne angenommen.

Sphaeralcea ambigua 'Childerley'

WIMPER-PERLGRAS

Melica ciliata

Höhe: 50 cm
Staudentyp: Gräser, Gerüstgras (Matrix-Bepflanzung)
Standort: sonnig
Wasserbedarf: trocken
Boden: mineralisch, kalkhaltig
Strategie-Typ: S, R und K
Frost: winterhart

Dieses heimische Wildgras, vorkommend auf Kalkböden, ist mir vor einigen Jahren das erste Mal durch seine herausragenden Blütenstände in unseren Trockenrasen aufgefallen. Allen Umständen zum Trotz, mit unglaublich hohem Wurzeldruck durch Konkurrenz, sieht *Melica ciliata* wunderbar vital aus und stellt für mich eine tolle Alternative zum invasiven Afrikanischen Lampenputzer-

Melica transsilvanica

Melica nutans

Adult

Weißbindiger Mohrenfalter
Erebia ligea

Semivoltin: polyphage Art (Gräser), Flugzeit: VII bis VIII, Flügelspannweite: 42–54 mm
Pflanze: *Melica nutans*

Dieser zur Gruppe der Mohrenfalter zählende Tagfalter lebt zumeist im Bereich des Mittelgebirges. Dabei hat er häufig einen sehr kleinen Lebensraum, den er besiedelt, dieser kann sich sogar auf nur wenige Quadratmeter beschränken. Bei genetischen Untersuchungen von Mohrenfaltern wurden Unterschiede zwischen Mohrenfalter festgestellt, die auf verschiedenen Seiten einer Straße lebten, da diese scheinbar eine unüberwindbare Hürde für sie darstellte.

gras *(Pennisetum setaceum)* dar. Aber Vorsicht in der Verwendung, da es sich manchmal stark ausbreiten kann! Daher sollte man es nur an sehr schwierigen, trockenen Standorten verwenden. Es ist aber allemal ein wunderschönes Gras, das für mich eine ideale Pflanze in naturalistischen Matrix-Bepflanzungen darstellt. Im Gegensatz zu *Melica ciliata* hat *M. transsilvanica* braune Ähren und wächst auch auf neutralen Böden. Wer eine Alternative für den Gehölzrand sucht, dem kann ich *M. nutans*, das Nickende Perlgras empfehlen. Dieses sollte man als Samen ausbringen, da es sehr selten im Handel angeboten wird, aber ansonsten steht es *M. ciliata* bezüglich Trockenheitsverträglichkeit in nichts nach.

Beliebt bei
Tagfalter-Raupen
- *Melica ciliata* Wimper-Perlgras → **1 Art**
- *Melica nutans* Nickendes Perlgras → **2 Arten**

Nachtfalter-Raupen
- *Melica ciliata* Wimper-Perlgras → **1 Art**
- *Melica nutans* Nickendes Perlgras → **1 Art**

HINWEIS: *Melica transsilvanica* dürfte ähnliche Insekten wie *M. ciliata* ansprechen.

Kulinarik: Die reifen Samen von *Melica ciliata* sind essbar. Sie wurden früher als Kaffee-Ersatz genutzt.

RÖHRIGE INDIANERNESSEL

Monarda fistulosa

Höhe: 70 cm
Staudentyp: Gerüststaude
Standort: sonnig
Wasserbedarf: trocken, mittel
Boden: durchlässig, humos
Strategie-Typ: S und K
Frost: winterhart

Monarda fistulosa 'Schneewitchen'

Monarda fistulosa 'Blaustrumpf'

Monarda bradburiana

Diese tolle amerikanische Staude bereichert mit ihren einzigartigen scheinquirligen Blüten jedes Präriebeet. Und auch wenn sie einen schwach säuerlichen Boden bevorzugt, ist sie kalktolerant. Als bevorzugte Sorten verwende ich sehr gerne *Monarda fistulosa* 'Balmy Purple' in kräftigem Magenta und *M. fistulosa* 'Schneewitchen' in Weiß, aber auch *M. fistulosa* 'Blaustrumpf' in einem tollen Purpurton plane ich sehr gerne ein. In Zartviolett finde ich *Monarda bradburiana* mit 60 cm Höhe ganz bezaubernd. Sie sollten in keinem amerikanischen Präriegarten, aber auch in keinem anderen Staudenbeet fehlen.

Adult

Florentiner Wollbiene
Anthidium florentinum

Univoltin, Flugzeit: VI bis IX, polylektische Art, Länge: Weibchen: 13–15 mm, Männchen: 14–20 mm
Pflanze: *Monarda fistulosa, M. bradburiana*

Der Namensteil „Florentiner" leitete sich wahrscheinlich von der Stadt Florenz ab, was sich jedoch nicht sicher klären lässt. Auf jeden Fall stammt *Anthidium florentinum* aus Südeuropa und breitete sich in den letzten Jahren aufgrund des Klimawandels langsam Richtung Norden aus. Dabei ist es kein Zufall, dass ihr optisches Erscheinungsbild einer Wespe ähnelt, da sie dadurch potentielle Fressfeinde abschrecken kann.

Aber nicht nur ihre Optik ist etwas Besonderes, sondern auch ihre Art, sich auf Pflanzen auszuruhen. Dabei verbeißen sich diese solitär lebenden Wildbienen in Pflanzenteile, und je tiefer der Schlaf, desto schlaffer hängt das Tier dabei nach unten. Sollte nun die Wildbiene durch Bewegung gestört werden, lässt sie sich fallen, geht so in eine Flugphase über und flüchtet.

Beliebt bei

Wildbienen (Pollen)

- *Monarda fistulosa* Röhrige Indianernessel und Sorten → **25 Arten, davon 2 spezialisiert**
- *Monarda bradburiana* Frühe Indianernessel → **25 Arten, davon 2 spezialisiert**

Hummeln

- *Monarda fistulosa* Röhrige Indianernessel und Sorten → **4 Arten**
- *Monarda bradburiana* Frühe Indianernessel → **4 Arten**

Kulinarik: Rezept Indianernesselsirup: Eine Handvoll Blüten und zwei Händevoll frische Blätter von *Monarda fistulosa* vorsichtig mit Wasser abspülen, dann im Ansatzgefäß mit 1,5 Litern Wasser, 80 g Zitronensäure und 500 g Zucker überziehen. Schon nach wenigen Stunden färbt sich der Ansatz wunderschön rosa. Nach etwa drei Tagen die Blätter abseihen, den Auszug mit weiteren 1,7 kg Zucker versetzen und auf etwa 75 °C erhitzen. Anschließend den Sirup heiß in vorbereitete Flaschen abfüllen, diese sorgfältig verschließen und für einige Minuten umlegen.

Heilwirkung: *Monarda fistulosa* wirkt als Tee beruhigend und hilft bei Husten, aber auch gegen Übelkeit. *M. fistulosa* wird auch äußerlich zur Wundbehandlung verwendet.

SCHOPFIGE TRAUBEN-HYAZINTHE

Leopoldia comosa
(Syn. *Muscari comosum*)

Höhe: 25 cm
Staudentyp: Geophyt
Standort: sonnig
Wasserbedarf: trocken
Boden: mineralisch, durchlässig, humos
Strategie-Typ: S und K
Frost: winterhart

Muscari neglectum

Muscari armeniacum

Muscari tenuiflorum

Muscari neglectum (oder *M. armeniacum*) ist trotz ihrer außergewöhnlichen blauen Farbe eher ein unterrepräsentierter Geophyt. Noch seltener ist die Schopfige Traubenhyazinthe *M. comosum* oder die Schmalblütige Traubenhyazinthe *M. tenuiflorum* in unseren Gärten anzutreffen, was ich sehr schade finde. Unglaublich robust, kommt sie mit schwierigsten sonnigen und trockenen Bedingungen zurecht. Dankbar vermehrt sie sich über Samen oder Brutzwiebeln – ein wahrer Schatz unter unseren heimischen Zwiebelpflanzen!

Adult

Großer Wollschweber
Bombylius major

Univoltin, Flugzeit: IV bis VI, polyphage Art (Larve parasitoid – *Andrena*), Länge: 9–12 mm
Pflanze: *Muscari comosum*

Der große Wollschweber, auch Hummelschweber genannt, trägt diesen Namen nicht zu Unrecht, da er einer Hummel zum Verwechseln ähnlich sieht. Jedoch zählt dieser Flugakrobat zu den Fliegen, die neben Bienen, Wespen und Käfern ebenfalls eine wichtige Bestäuberrolle einnehmen. Durch seine Flugkünste erinnert er stark an einen Kolibri.

Bei der Eiablage verpackt das Tier diese in einer Art Sandpackung, um diese danach gezielt in zukünftige Baue in die Erde „einzuwerfen". Man vermutet, dass diese Schutzschicht das Ei vor dem Aufprall absichert und zusätzlich vor zukünftigen Fraßfeinden schützt. Im Larvenstadium lebt das Tier parasitoid in einem fremden Bau, den es als Imago wieder verlässt.

Beliebt bei

Wildbienen (Pollen)

- *Muscari (Leopoldia) comosum* Schopfige Traubenhyazinthe → **1 Art**
- *Muscari armeniacum* Armenische Traubenhyazinthe → **5 Arten**
- *Muscari neglectum* und *M. tenuiflorum* dürften ähnliche Insekten wie *Muscari comosum* oder *M. armeniacum* ansprechen.

Kulinarik: Die Zwiebeln von *Muscari comosum* (auch Lampascioni genannt) werden in Italien eingelegt und gelten als Beigabe zu kalten Speisen oder auch in Salaten als Delikatesse.

Rezept Lampascioni (Wilde Zwiebeln): Zwiebeln von *Muscari comosum* von Erde befreien, oben kreuzförmig einschneiden und für 12 Stunden bei mehrmaligem Wasserwechsel in Wasser einlegen, um ihnen so die Bitterstoffe zu entziehen. Anschließend in Salzwasser kochen und dann überbacken.

Heilwirkung: *Muscari comosum* regt die Magenfunktion an und wirkt harntreibend.

REIFROCK-NARZISSE

Narcissus bulbocodium

Höhe: 25 cm
Staudentyp: Geophyt
Standort: sonnig
Wasserbedarf: trocken
Boden: Mineralisch, durchlässig, humos
Strategie-Typ: S und K
Frost: winterhart

Narzissen haben bei mir irgendwie ein verstaubtes Image und es fiel mir lange schwer, eine Liebe zu diesen Narzissen à la *Narcissus cyclamineus* 'Tête-à-Tête' oder vielen anderen der gelben Arten zu entwickeln. Jedoch hat sich das nach dem ersten Jahr in Trockenheit schlagartig geändert, denn vor allem *Narcissus bulbocodium* kommt gut damit zurecht und punktet zudem mit ihrem filigranen und überzeugend schönen Blüten. Wer eine hellere Blüte mit ähnlichen Ansprüchen sucht, dem kann ich *Narcissus bulbocodium* 'White Petticoat' in Hellgelb empfehlen. Sie ist nach jedem Winter eine wahre Freude und sollte unbedingt in allen Kiesgärten gepflanzt werden.

Beliebt bei

Wildbienen (Pollen)

- *Narcissus bulbocodium* Reifrock-Narzisse und Sorten → **1 Art**
- *Narcissus cyclamineus* Alpenveilchen-Narzisse → **1 Art**

Besonderheit: Narzissen enthalten Lycorin und sind damit giftig!

Narcissus cyclamineus 'Tête-à-Tête'

Adult

Schwarzbeinige Rippensandbiene
Andrena bimaculata

Bivoltin, Flugzeit: IV bis V und VI bis VIII, polylektische Art, Länge: W: 13–14 mm, M: 11–14 mm
Pflanze: *Narcissus bulbocodium, N. cyclamineus*

Andrena bimaculata war Wildbiene des Monats April 2018. Diese häufig in Europa vorkommende, solitär lebende Biene bevorzugt sandige Weingärten und offene Sandböden. Die ähnlich große Wildbiene ähnelt der häufig anzutreffenden Honigbiene. Da *A. bimaculata* in zwei Generationen im Jahr erscheint und die erste bereits im März/April unterwegs ist, verwundert es kaum, dass sie auf Amaryllisgewächse, Kreuzblütler, aber auch auf Weidengewächse spezialisiert ist. Die sehr früh blühenden Pflanzengruppen sind perfekt auf den Lebenszyklus dieser Biene abgestimmt. Problematisch ist hier der Klimawandel, da die erste Generation oft früher ausfliegt, als die besagten Blüten Nahrung bieten. Daher sollte man hier stärker als sonst auf Artenvielfalt setzen und bereits mit verschiedenen Schneeglöckchen die Gefahr von Nahrungsverknappung entschärfen.

Narcissus bulbocodium 'White Petticoat'

Nepeta x *faassenii*, eine Kreuzung aus *Nepeta racemosa* und *Nepeta nepetella*, ist nach einer niederländischen Baumschule namens Faassen benannt. Und auch wenn es viele Arten und Sorten unter ihnen gibt, *Nepeta* x *faassenii* ist einer meiner absoluten Lieblings-Bodendecker und darf in keiner Kiesgestaltung in Violett fehlen. Sie ergibt eine tolle Kombination mit *Iris barbarta-eliator*-Sorten, man kann dabei fast nichts falsch machen. Und wer etwas in Weiß sucht: Es gibt auch eine Sorte namens 'Snowflake'. Wer höhere Varianten verwenden will, dem kann ich *N.* x *faassenii* 'Six Hills Giant' oder *N.* x *faassenii* 'Walkers Low' empfehlen. Allerdings besteht bei diesen beiden Sorten die Gefahr, dass sie umfallen und dann Pflanzen in ihrer Umgebung überdecken. Katzenminze ist ein extremer Bienenmagnet und wenn es ihr gefällt, sät sie sich aus und ist damit auch eine gute Füllstaude. Wer Pflanzen mit einer Höhe von 100 cm sucht, dem kann ich *Nepeta grandiflora*, die Großblütige Katzenminze, empfehlen.

Beliebt bei

Nachtfalter-Raupen

- *Nepeta x faassenii* Hybrid-Katzenminze und Sorten → **2 Arten**
- *Nepeta grandiflora* Großblütige Katzenminze → **2 Arten**

Wildbienen (Pollen)

- *Nepeta x faassenii* Hybrid-Katzenminze und Sorten → **28 Arten, davon 2 spezialisiert**
- *Nepeta grandiflora* Großblütige Katzenminze → **25 Arten, davon 2 spezialisiert**

Hummeln

- *Nepeta x faassenii* Hybrid-Katzenminze und Sorten → **4 Arten**
- *Nepeta grandiflora* Großblütige Katzenminze → **4 Arten**

Besonderheit: *Nepeta* x *faassenii* ist eine der Lieblingspflanzen von Katzen, sie könnten sich darin vergraben. Die Blätter der Katzenminze werden manchmal in Katzenspielzeug eingearbeitet und der in ihr enthaltene Inhaltsstoff Nepetalacton wirkt abstoßend auf Flöhe und Kakerlaken.

Heilwirkung: Als ätherisches Öl kann Katzenminze Insekten abschrecken. Ein Tee aus Katzenminze wirkt entspannend und beruhigend.

HYBRID-KATZENMINZE

Nepeta x faassenii

Höhe: 30 cm
Staudentyp: bodendeckende Staude, Füllstaude
Standort: sonnig, halbschattig
Wasserbedarf: trocken
Boden: mineralisch, durchlässig, humos
Strategie-Typ: S, R und K
Frost: Winterhart

Nepeta x faassenii 'Walkers Low'

Nepeta x faassenii 'Snowflake'

Nepeta x faassenii 'Six Hills Giant'

Nepeta grandiflora

Falter

Raupe

Goldzünsler ***Pyrausta aurata***

Univoltin, Flugzeit: V bis VI und VII bis VIII, oligophage Art (Lippenblütler), Flügelspannweite: 18–20 mm
Pflanze: *Nepeta grandiflora*

Dieser schöne Nachtfalter zählt zur Familie der Zünsler. Leider ist diese Insektengruppe in den letzten Jahren durch den Buchsbaum-Zünsler in Verruf geraten, zu Unrecht, wie ich finde. In der Ökologie gibt es kein Gut und Böse und jedes Tier hat seine Berechtigung. Es wäre ein unermesslicher Schaden, wenn es diese wunderschönen Falter wie den Goldzünsler nicht mehr gäbe!

Die niedrige Nachtkerze begleitet mich schon sehr lange. Dankbar fristete sie ihr genügsames Leben im Vorgarten meiner Eltern, wo sie fast mit stoischer Ruhe jeden Fehltritt der passierenden Personen über sich ergehen ließ. In der Natur begegnete mir an einigen Stellen ihr großer Bruder *Oenothera biennis*, der sich auf manch tristen Flächen angesiedelt hat. Eine meiner Neuentdeckungen ist *Oenothera speciosa*, die im zarten Rosa überzeugt. Von *Oenothera speciosa* 'Siskiyou Pink' wurde mir berichtet, dass Falter mit ihrem Rüssel in der Blüte steckenbleiben und aufgrund dessen verenden. Ich konnte diese Beobachtung noch nicht machen, aber es ist Vorsicht geboten.

Beliebt bei

Nachtfalter-Raupen
- *Oenothera macrocarpa* Missouri-Nachtkerze→ **Arten**
- *Oenothera biennis* Gemeine Nachtkerze→ **2 Arten**

Wildbienen (Pollen)
- *Oenothera macrocarpa* Missouri-Nachtkerze→ **1 Art**
- *Oenothera biennis* Gemeine Nachtkerze→ **1 Art**

Kulinarik: Die Wurzeln von *Oenothera biennis* kann man kochen, als Gemüse oder für Salate. Die Blüten sind ebenfalls essbar.

Heilwirkung: Nachtkerzenöl kann bei Ekzemen und Neurodermitis helfen und wird zur Linderung von Menstruationsbeschwerden eingesetzt. Innerlich angewendet sollen Blätter, Stängelrinde und Blüten auch bei asthmatischen und klimakterischen Beschwerden sowie bei Kreislauf- und Verdauungsproblemen helfen.

Adult

Raupe

Mittlerer Weinschwärmer ***Deilephila elpenor***

Univoltin, Flugzeit: V bis VII, oligophage Art (Epilobium, Impatiens, Fuchsia), Flügelspannweite: 45–60 mm
Pflanze: *Oenothera biennis*

Die Gruppe der Schwärmer sorgt für einen wahren Farbrausch, was fast schon eine Verschwendung ist, da man ihr wundschönes Farbmuster nur in der Nacht beobachten kann. Der Falter des Mittleren Weinschwärmers besticht durch seine außergewöhnlichen, rosanen Farbstreifen, und mit etwas Glück ist der häufig anzutreffende Schwärmer in unseren Gärten zu finden. Die Raupe hingegen setzt mit ihrer grünen Farbe auf Tarnung und mit ihren großen Farbtupfen am Hinterkopf auf Simulation. Sie gaukelt damit vor, dass ein Fressfeind es mit einem größeren Tier zu tun hätte (Augen) und weist mit ihrem Stachel am Hinterleib auf Wehrhaftigkeit hin.

MISSOURI-NACHTKERZE

Oenothera macrocarpa

Höhe: 15 cm
Staudentyp: bodendeckende Staude
Standort: sonnig, halbschattig
Wasserbedarf: trocken, mittel
Boden: durchlässig, humos
Strategie-Typ: S und K
Frost: Winterhart

DORNIGER HAUHECHEL

Ononis spinosa

Höhe: 45 cm
Staudentyp: Gerüststaude
Standort: sonnig
Wasserbedarf: trocken
Boden: mineralisch, durchlässig, humos
Strategie-Typ: S und K
Frost: winterhart

Eines unserer schönsten Halbsträucher ist der Hauhechel. Man findet den Schmetterlingsblütler häufig in Trockenrasen, wo er sich mit seinen kleinen Dornen während eines Spaziergangs an der Kleidung bemerkbar macht. Er ist unglaublich robust bezüglich Trockenheits- und Sonnenverträglichkeit und zieht Wildbienen, Hummeln, Tagfalter und verschiedenste Nachtfalter magisch an. Diese Pflanze darf in ökologischen Gärten und naturalistischen Gestaltungen nicht fehlen! Mir wurde berichtet, dass er durch Wurzelausläufer lästig werden kann, ich konnte diese Eigenschaft noch nicht beobachten. Die kriechende Art *Ononis repens* wird nur circa halb so groß, leider habe ich noch wenig Erfahrung mit ihr, da diese Pflanze eher selten im Handel zu finden ist.

Adult, weiblich

Adult, männlich

Hauhechel-Bläuling ***Polyommatus icarus***

Bivoltin, Flugzeit: IV bis X, oligophage Art (Schmetterlingsblütler), Flügelspannweite: 25–30 mm
Pflanze: *Ononis spinosa, O. repens*

Dieser scheinbar sehr erfolgreiche Tagfalter kommt auf der gesamten Nordhalbkugel, von Amerika über Asien bis nach Europa, vor. Der wunderschöne Bläuling sticht mit seinem kräftigen Blau in jeder Blumenwiese hervor. Dabei ernährt sich die Raupe vom Hauhechel, aber auch verschiedene Schmetterlingsblütler wie Kleearten werden nicht verschmäht. Am liebsten werden die frischen Triebe, wie sie nach der Mahd entstehen, besucht. Daher sollte man eine Blumenwiese immer in Etappen (Wechselmahd) mähen, um den verschiedensten Tieren Nahrung zu bieten. Zudem wird so immer nur ein Teil einer darauf lebenden Population zerstört.

Beliebt bei

Tagfalter-Raupen
- *Ononis spinosa* Dorniger Hauhechel → **1 Art, spezialisiert**
- *Ononis repens* Kriechender Hauhechel → **1 Art, spezialisiert**

Nachtfalter-Raupen
- *Ononis spinosa* Dorniger Hauhechel → **23 Arten, davon 1 spezialisiert**
- *Ononis repens* Kriechender Hauhechel → **17 Arten, davon 1 spezialisiert**

Wildbienen (Pollen)
- *Ononis spinosa* Dorniger Hauhechel → **35 Arten, davon 19 spezialisiert**
- *Ononis repens* Kriechender Hauhechel → **24 Arten, davon 19 spezialisiert**

Hummeln
- *Ononis spinosa* Dorniger Hauhechel → **4 Arten**
- *Ononis repens* Kriechender Hauhechel → **3 Arten**

Kulinarik: *Ononis repens:* Die feinen Blätter im Frühling eignen sich für Salate, Suppen und Saucen. Die Wurzel enthält ätherisches Öl, das als Zutat für Kräuterlikör verwendet werden kann.

Heilwirkung: Tee aus getrockneten Wurzeln von *Ononis spinosa* wirkt harntreibend.

OREGANO

Origanum vulgare

Höhe: 40 cm
Staudentyp: bodendeckende Staude, Gerüst- und Füllstaude
Standort: sonnig
Wasserbedarf: trocken
Boden: mineralisch, durchlässig, humos
Strategie-Typ: S-R
Frost: winterhart

Origanum vulgare 'Hot and Spicy'

Origanum vulgare 'Compactum'

Origanum laevigatum

Was wäre die italienische Küche ohne Oregano, auch bekannt unter dem Namen Dost? Man findet ihn häufig in Trockenrasen und Ruderalflächen in Mittel- und Südosteuropa, und er darf in keinem Kräuterbeet im Garten fehlen. *Origanum vulgare* ist ein typischer Lippenblütler, der sich mit dem Duft seiner ätherischen Öle schon von Weitem bemerkbar macht. Es gibt noch weitere Varianten, die scharf schmecken, wie zum Beispiel *O. vulgare* 'Hot and Spicy'. Für Fugenbepflanzungen und Mauerkronen verwende ich auch sehr gerne die Sorte 'Compactum' mit circa 20 cm Höhe. Wer einen besonders trockenen Standort zu bepflanzen hat, dem empfehle ich *Origanum laevigatum* aus dem Süden Europas, der noch mehr Trockenheit und Hitze überdauert. Jedenfalls sollte es keinen Grillplatz im Garten ohne Oregano geben!

Adult

Quendel-Ameisenbläuling
Maculinea arion

Univoltin, Flugzeit: VI bis VII, oligophage Art (Thymus und Origanum – myrmekophile Art), Flügelspannweite: 33–42 mm
Pflanze: *Origanum vulgare*

Schon sein Name (Quendel- oder Thymian-) weist darauf hin: Der Quendel-Ameisenbläuling ist auf Thymian, aber auch auf Oregano – beides Lippenblütler – spezialisiert. Dabei sucht das Weibchen vor der Eiablage die passende Futterpflanze, wiederum mit der passenden Knotenameisenart *Myrmica sabuleti*. Das heißt, im Raupenstadium labt sich das Tier und sendet währenddessen Pheromone aus, um von den Ameisen gefunden zu werden. Um quasi einen Plan B zu haben, sondert sie noch zusätzlich ein süßes Sekret aus, das scheinbar für die Knotenameisen unwiderstehlich ist. Danach wird sie in den Bau dieser getragen, wo sie sich manchmal bis zu zwei Jahre durchfüttern lässt – sie ernährt sich von der Ameisenbrut! Nach der Verpuppung verlässt sie schließlich ihr „Gratis-Quartier", denn ansonsten flöge der Schwindel auf und sie würde von den Ameisen gefressen werden.

Beliebt bei

Tagfalter-Raupen
- *Origanum vulgare* Oregano und Sorten → **1 Art**

Nachtfalter-Raupen
- *Origanum vulgare* Oregano und Sorten → **21 Arten, davon 2 spezialisiert**
- *Origanum laevigatum* Purpur-Dost → **5 Arten**

Wildbienen (Pollen)
- *Origanum vulgare* Oregano und Sorten → **27 Arten, davon 2 spezialisiert**
- *Origanum laevigatum* Purpur-Dost → **25 Arten, davon 2 spezialisiert**

Hummeln
- *Origanum vulgare* Oregano und Sorten → **4 Arten**
- *Origanum laevigatum* Purpur-Dost → **4 Arten**

Kulinarik: Diese wichtige Gewürzpflanze ist zum Beispiel Bestandteil von Wildfruchtessig, der mit Brombeeren, Heidelbeeren oder Quitten angesetzt wird.

Heilwirkung: Das Kraut wirkt verdauungsfördernd, sein ätherisches Öl entzündungshemmend, antiviral und antibakteriell.

Diese tolle Präriestaude mit ihren unglaublich vielen Arten hatte einen etwas schwierigen Start bei mir. Der Grund: Viele bewegen sich in einem Magenta-Blütenfarbspektrum, dass aus meiner Sicht nicht immer ganz einfach mit anderen Stauden farblich zu kombinieren ist. Anders ist es bei *Penstemon strictus* mit ihrem leuchtenden Violett, und wer eine kleinere Variante davon sucht, dem kann ich *Penstemon virens* empfehlen. Eine ganz dunkle *Penstemon*-Sorte namens 'Pensham Son of Raven' ist ein Mitbringsel aus England, die mich jedes Jahr mit seiner dunklen Farbe erfreut und bestens im Halbschatten einer *Abies concolor* gedeiht. Auch für den heißen Steingarten gibt es einige Varianten, wie zum Beispiel *Penstemon pinifolius* oder auch *Penstemon hirsutus* in Zartviolett oder, in Weiß: *Penstemon hirsutus* 'Albus'. Wer vertikale Blütenstände liebt, ist hier genau richtig, und auch wenn die drei erstgenannten im Sommer etwas Wasser mögen, sollten auch sie in keinem Garten fehlen.

Beliebt bei

Wildbienen (Pollen)

- *Penstemon strictus* Aufrechter Bartfaden → **4 Arten**
- *Penstemon hirsutus* Gewimperter Bartfaden → **4 Arten**
- *Penstemon pinifolius* dürfte ähnliche Insekten wie andere *Penstemon*-Arten ansprechen.

Hummeln

- Ich habe schon oft verschiedene Hummeln beim Blütenbesuch in meinem Garten beobachtet, was bei der glockenartigen Blütenform *von Penstemon strictus* nicht verwunderlich ist.

Heilwirkung: *Penstemon strictus* soll angeblich gegen Zahnschmerzen helfen. Ureinwohner Nordamerikas zerkauten die Wurzel und füllten den so entstandenen Brei in Zahnlöcher, um Schmerzen zu lindern.

AUFRECHTER BARTFADEN

Penstemon strictus

Höhe: 70 cm
Staudentyp: Gerüststaude, Leitstaude
Standort: sonnig, halbschattig
Wasserbedarf: trocken, mittel
Boden: mineralisch, durchlässig, humos
Strategie-Typ: S und K
Frost: winterhart

Penstemon pinifolius

Penstemon hirsutus

Adult

Wald-Locken-sandbiene
Andrena fucata

Univoltin, Flugzeit: IV bis VII, polylektische Art, Länge: Weibchen: 11–12 mm, Männchen: 8–10 mm
Pflanze: *Penstemon strictus, P. pinifolius, P. hirsutus*

Der Namensteil „Wald" nimmt bereits Bezug auf den Lebensraum der Wald-Lockensandbiene. Sie lebt ausschließlich dort und gräbt ihre Nester in Sand oder Lehm. Daher rührt auch ihr englischer Name Mining-Bee – Bergbau-Biene. Da diese Biene eine polylektische Art ist und sich an verschiedensten Pflanzen wie an Doldenblütlern, Kreuzblütlern, aber auch an Wegerich-Gewächsen und Rosengewächsen bedient, ist es nicht verwunderlich, dass sie sich auch am aus Amerika stammenden Bartfaden labt.

Penstemon virens

SILBERSTRAUCH

Salvia yangii
(Syn. *Perovskia atriplicifolia*)

Höhe: 120 cm
Staudentyp: Leitstaude
Standort: sonnig
Wasserbedarf: trocken
Boden: mineralisch, durchlässig, humos
Strategie-Typ: S und K
Frost: winterhart

Salvia yangii 'Little Spire'

Salvia yangii 'Blue Jean Baby'

Adult

Helle Erdhummel
Bombus lucorum

Univoltin, Flugzeit: III bis X, polylektische Art, Länge: Königin: 18–21 mm, Arbeiterinnen: 9–16 mm, Drohne 14–16 mm, Volkgröße: 100–400 Tiere
Pflanze: *Perovskia atriplicifolia*

Die Helle Erdhummel zählt neben der Dunklen Erdhummel *Bombus terrestris* zu einer der am häufigsten vorkommenden in Europa und somit auch zu einer der wichtigsten Bestäuber. Erdhummeln sind sehr robust, und wie die meisten Hummeln sind auch diese behaart, das heißt, der Pelz schützt sie vor Kälte. Daher ist es auch nicht verwunderlich, dass man diese zu den Bienen zählenden Tiere bereits bei nur einstelligen Temperaturen im Garten fliegen sieht. *Bombus lucorum* erzeugt beim Besuch von Blüten mit ihrem Flügelschlag tiefe Frequenzen, durch die die Pollen aus den Staubbeuteln herausgeschüttelt werden und sie mit dem Pollen einstäuben. Man nennt diesen Effekt auch buzz pollination – Vibrationsbestäubung.

Sehr gerne wird *Perovskia*, die nun den neuen, ungewohnten Namen *Salvia yangii* trägt, unter den Pflanzenverwendern eingeplant und so ist es auch bei mir. Dieses silberne Laub mit der im Sommer violetten Farbe ist ein wahrer Augenschmaus und ein Insektenmagnet schlechthin. Besonders gern mag ich die Sorte *Salvia yangii* 'Little Spire' mit circa 80 cm Wuchshöhe, da mir die reine Form manchmal zu hoch ist. Wer es noch etwas kleiner möchte, dem kann ich die Sorte *S. yangii* 'Blue Jean Baby' mit 70 cm Höhe empfehlen, außerdem zeichnet sich diese durch sehr große Einzelblüten aus. *Salvia yangii* ist ein idealer Halbstrauch für sehr trockene und heiße Standorte.

Beliebt bei
Wildbienen (Pollen)
- *Perovskia (Salvia)* atriplicifolia Blauraute und Sorten → **25 Arten, davon 2 spezialisiert**

Hummeln
- *Perovskia (Salvia)* atriplicifolia Blauraute und Sorten → **4 Arten, davon 2 spezialisiert**

Heilwirkung: *Salvia yangii* hat appetitanregende, verdauungsfördernde und krampflösende Eigenschaften. Er wirkt außerdem keimtötend, entzündungshemmend und kann bei übermäßigem Schwitzen, zum Beispiel in den Wechseljahren, helfen.

Besonderheit: Achtung: Von der Verwendung als Kräuter-Tabak wird abgeraten, da es eine berauschende Wirkung hat.

STEINBRECH-FELSENNELKE

Petrorhagia saxifraga

Höhe: 20 cm
Staudentyp: bodendeckende Staude, Füllstaude
Standort: sonnig
Wasserbedarf: trocken
Boden: mineralisch
Strategie-Typ: S und R
Frost: winterhart

Wem sehr kleine und filigrane Pflanzen gut gefallen, für den ist *Petrorhagia saxifraga* die richtige Wahl. Ich verwende sie gerne auf Mauerkronen, da sie hier besonders gut wahrgenommen wird und man diese Schönheit vielleicht sogar auf Augenhöhe betrachten kann. Und auch wenn sie im Garten umhervagabundiert: Ich mag diesen unglaublichen Trockenheitskünstler! Außerdem ist *Petrorhagia saxifraga* eine tolle heimische Pflanze für ein Sandarium, die Wildbienen anlockt. Zudem deckt sie die Fläche im Bett gut ab und schützt damit vor Fressfeinden, wächst jedoch nicht komplett zu.

Beliebt bei

Wildbienen (Pollen)

- *Petrorhagia saxifraga* Steinbrech-Felsennelke → **12 Arten**

Kulinarik: Blüten von *Petrorhagia prolifera* können für milde Tees verwendet werden.

Adult

Gemeine Langbauchschwebfliege
Sphaerophoria scripta

Polyvoltin, Flugzeit: III bis X, polyphage Art (Larve – Nahrung-Blattläuse), Länge: 9–12 mm
Pflanze: *Petrorhagia saxifraga*

Oft werden Schwebfliegen mit Bienen oder Wespen verwechselt, obwohl sie zu den Fliegen zählen und viele unter ihnen eine wichtige Bestäubungsfunktion erfüllen. Die Ähnlichkeit mit anderen Insekten, wie es auch auf die Langbauchschwebfliege zutrifft, ist ein reiner Schutz vor Fraßfeinden. Außerdem besitzt *Sphaerophoria scripta* die Fähigkeit, mit sehr schnellen Flügelschlägen (300 pro Sekunde) zu fliegen. Diese Flugtechnik erlaubt es ihr, an einem Punkt zu verharren (zu schweben) und sich dabei an Nektar und Pollen zu laben.

RUSSEL-BRANDKRAUT

Phlomis russeliana

Höhe: 80 cm
Staudentyp: Gerüststaude
Standort: sonnig, Halbschatten
Wasserbedarf: trocken, mittel
Boden: durchlässig, humos
Strategie-Typ: S und K
Frost: winterhart

Phlomoides tuberosa
(Syn. *Phlomis tuberosa*)

Phlomoides tuberosa 'Amazone'
(Syn. *Phlomis tuberosa* 'Amazone')

Phlomis fruticosa

Mir fällt keine andere Pflanze ein, die mir zuerst durch ihre Samenstände auffiel, doch beim Brandkraut erging es mir tatsächlich so und wahrscheinlich geht es vielen anderen Pflanzenverwendern ähnlich. Dieser Samenstand bereichert jedes Beet im Winter, die herzförmigen, behaarten Blätter passen wunderbar als Strukturpflanze und das Hellgelb der Blüte ist eine Alternative für alle Gelbmuffel unter uns. Und wer eine andere Farbe lieber mag, dem empfehle ich die rosane, im Osten Österreichs beheimatete Variante *Phlomis tuberosa* oder die feinere Sorte *Phlomis tuberosa* 'Amazone'. Seit vielen Jahren wächst in meinem Vorgarten, im reinen Kies, die Strauch-Variante *Phlomis fruticosa*. Der Name «Brandkraut» geht auf die frühere Verwendung der Pflanze zurück: Ihre Stängel wurden getrocknet als Kerzendochte verwendet. *Phlomis russeliana* ist eine tolle Pflanze mit einem unglaublich schönen Samenstand im Winter!

Beliebt bei

Wildbienen (Pollen)

- *Phlomis russeliana* Russel-Brandkraut → **25 Arten, davon 2 spezialisiert**
- *Phlomis tuberosa* Knollen-Brandkraut und Sorten → **33 Arten, davon 2 spezialisiert**
- *Phlomis fruticosa* Strauchiges Brandkraut → **25 Arten, davon 2 spezialisiert**

Hummeln

- *Phlomis russeliana* Russel-Brandkraut → **4 Arten**
- *Phlomis tuberosa* Knollen-Brandkraut und Sorten → **4 Arten**
- *Phlomis fruticosa* Strauchiges Brandkraut → **4 Arten**

Kulinarik: Die Knollenwurzel von *Phlomis tuberosa* ist gekocht essbar.

Heilwirkung: Das ätherische Öl soll gegen Salmonellen helfen. Es wurde früher zur Wundbehandlung und bei Darmentzündungen verwendet. Hinweis: Der Staub der Blätter greift die Atemwege und Schleimhäute an; Vorsicht beim Schnitt!

Adult

Schwarze Mörtelbiene
Megachile parietina

Univoltin, Flugzeit: IV bis VI, polyelektische Art, Länge: Weibchen: 13–16 mm, Männchen: 14–17 mm
Pflanze: *Phlomis tuberosa*

Die Schwarze Mörtelbiene ist nördlich der Alpen leider sehr selten geworden. Das liegt sicher zum einen daran, dass sie solitär lebt, das heißt keine Völker gründet, und andererseits daran, dass nur maximal zehn Nachkommen in ihren Nestern sind, bei nur einer Generation pro Jahr. Eine mögliche Lösung: Sand und feinen Kies (Nestbau) und *Phlomis tuberosa* im Garten und vielleicht, mit etwas Glück, kann man sie wieder entdecken.

Der Name Salomonssiegel kommt daher: Wenn ein Trieb vom Rhizom abbricht, hinterlässt es einen kreisförmigen Ring, der als Salomonssiegel interpretiert wurde: eine schöne Geschichte! *Polygonatum odoratum* ist eine wunderbare Pflanze für den Halbschatten, und mit ihren kurzen Rhizomen überrascht sie immer wieder zwischen anderen Pflanzen, ohne wirklich lästig zu werden. Wem panaschierte Blätter gefallen: *Polygonatum odoratum* gibt es auch als Variegata-Form oder als Hybriden 'Grace Barker'. Etwas höher wird *Polygonatum multiflorum*, und *Polygonatum biflorum* kann mit circa 100 cm Wuchshöhe punkten. Ein Hybrid namens 'Weihenstephan' schafft sogar 120 cm Höhe.

Beliebt bei

Nachtfalter-Raupen

- *Polygonatum odoratum* Wohlriechendes Salomonssiegel → **1 Art**
- *Polygonatum multiflorum* Vielblütige Weißwurz → **2 Arten**
- *Polygonatum biflorum* Zweiblütiges Salomonssiegel → **1 Art**
- *Polygonatum x hybridum* dürfte ähnliche Insekten wie andere *Polygonatum*-Arten, mit Ausnahme der Spezialisten, ansprechen.

Wildbienen (Pollen)

- *Polygonatum odoratum* Wohlriechendes Salomonssiegel → **2 Arten**
- *Polygonatum multiflorum* Vielblütige Weißwurz → **2 Arten**
- *Polygonatum x hybridum* und *P. biflorum* dürften ähnliche Insekten wie andere *Polygonatum*-Arten, mit Ausnahme der Spezialisten, ansprechen.

Besonderheit: Alle Pflanzenteile sind für den Menschen giftig, von einer Zubereitung ist daher abzuraten (ähnlich wie beim Maiglöckchen)!

Heilwirkung: Die äußerliche Anwendung als Salbe, die aus der Wurzel hergestellt wird, soll Abhilfe bei Sehnenleiden schaffen.

WOHLRIECHENDES SALOMONSSIEGEL

Polygonatum odoratum

Höhe: 30 cm
Staudentyp: bodendeckende Staude
Standort: sonnig, halbschattig
Wasserbedarf: trocken, mittel
Boden: durchlässig, humos
Strategie-Typ: S, R und K
Frost: winterhart

Polygonatum odoratum 'Variegata'

Polygonatum x hybridum 'Grace Barker'

Polygonatum multiflorum

Polygonatum biflorum

Adult

Lungenkraut-Mauerbiene
Osmia pilicornis

Univoltin, Flugzeit: III bis VI, polylektische Art, Länge: 9–11 mm
Pflanze: *Polygonatum multiflorum*

Häufig sind Wildbienen auf wenige oder manchmal sogar auf nur eine Futterpflanze spezialisiert, das trifft auf diese Mauerbiene nicht zu. Jedoch ist sie auf bestimmte Tothölzer von Weiden, Fichten oder auch von der Haselnuss spezialisiert, worin sie ihre Nester baut. Außerdem braucht sie dazu Walderdbeeren, da sie mit diesen Blättern die Eingänge verschließt, um die Brut vor Räubern zu schützen. Weiterhin benötigt sie Blüten von typischen Waldvertretern wie Lungenkräutern, Platterbsen, Günsel, Brombeeren, Beinwell, aber auch Weißwurz. Daran sieht man, wie häufig viele verschiedene Gegebenheiten zusammenspielen müssen, um das Leben eines Insekts zu sichern. Daher sollte man bezüglich „Sauberkeit" im Wald, aber auch in Gärten etwas umdenken und das große Ganze im Blick behalten.

ECHTE SCHLÜSSELBLUME

Primula veris

Höhe: 20 cm
Staudentyp: bodendeckende Staude
Standort: lichter Schatten, halbschattig
Wasserbedarf: trocken, mittel
Boden: mineralisch, durchlässig, humos
Strategie-Typ: S und K
Frost: winterhart

Wer kennt die Echte Schlüsselblume nicht? Nach dem Winter, wenn wir hungrig auf Farben sind, leuchtet sie uns entgegen. Und ein Hustensaft ohne sie: fast nicht möglich. Wer es niedriger mag und öde Rasenflächen bunter und ökologisch wertvoller gestalten möchte, dem kann ich *Primula vulgaris* empfehlen. Und wem gelb zu langweilig ist: Es gibt noch unzählige weitere Farben. Auf jeden Fall ist die Schlüsselblume eine viel zu selten verwendete Frühlingsstaude und sollte in keinem Garten fehlen.

Adult

Alpenhummel
Bombus alpinus

Sozial, Univoltin, Flugzeit: IV bis IX, polyelektische Art, Länge: Königin: 22–26 mm, Arbeiterinnen: 15–17 mm und Drohne: 15–17 mm, Volkgröße: 100–150 Tiere
Pflanze: *Primula veris, P. vulgaris*

Diese in den Alpen lebende Hummel besucht gerne Gärten. Dabei liegt ihr klassischer Lebensraum auf 600 bis 3100 m. ü. M., und nur in Ausnahmen, zum Beispiel bei schlechtem Wetter, ist sie darunter zu finden. Daher ist es auch nicht verwunderlich, dass dieses unglaublich robuste Tier an diesen harten Lebensraum gut angepasst ist und bereits ab −1 °C fliegt!

Beliebt bei

Tagfalter-Raupen

- *Primula veris* Echte Schlüsselblume → **2 Arten, davon 1 spezialisiert**

Nachtfalter-Raupen

- *Primula veris* Echte Schlüsselblume → **26 Arten, davon 1 spezialisiert**
- *Primula vulgaris* Stängellose Schlüsselblume → **23 Arten, davon 1 spezialisiert**

Wildbienen (Pollen)

- *Primula veris* Echte Schlüsselblume → **3 Arten**
- *Primula vulgaris* Stängellose Schlüsselblume → **2 Arten**

Hummeln

- *Primula veris* Echte Schlüsselblume → **1 Art**
- *Primula vulgaris* Stängellose Schlüsselblume → **1 Art**

Kulinarik: Aus Wasser, Honig und Blüten von *Primula veris* kann man Hustenbonbons herstellen. Blüten und junge Blätter eignen sich für Salate.

Heilwirkung: Saponine aus der Wurzel von *Primula veris* wirken sekretolytisch, das heißt, sie sind schleimlösend, daher wird dieser Wirkstoff in Medikamenten gegen Husten und Bronchitis eingesetzt.

Die Kuhschelle ist eine meiner Lieblingsgeophyten und es vergeht kein Frühling, wo ich nicht mindestens einmal am Naturstandort nach *Pulsatilla grandis* Ausschau halte. Leider ist sie nicht immer ganz einfach im Handel zu bekommen, daher greife ich gerne auf *Pulsatilla vulgaris* zurück, die an Schönheit der Großen Kuhschelle in nichts nachsteht, außerdem gibt es sie in Weiß (*Pulsatilla vulgaris* 'Alba') und in Rosa (*Pulsatilla vulgaris* 'Rubra'). Wem schwarze Blüten gefallen, der wird auch hier fündig, und zwar mit *Pulsatilla pratensis* subsp. *nigricans*. Dieser tolle Geophyt sollte in keiner Trockengestaltung fehlen, und wer sich fragt, was die Kuhschelle mit Küche zu tun hat: Dieser Name leitet sich von der Kuh und der Schelle ab, weil die Blütenform an eine Kuhglocke erinnert.

Beliebt bei

Nachtfalter-Raupen

- *Pulsatilla vulgaris* Gewöhnliche Kuhschelle und Sorten → **3 Arten, davon 2 spezialisiert**
- *Pulsatilla pratensis* Wiesen-Kuhschelle → **1 Art, spezialisiert**

Wildbienen (Pollen)

- *Pulsatilla vulgaris* Gewöhnliche Kuhschelle und Sorten → **19 Arten**
- *Pulsatilla pratensis* Wiesen-Kuhschelle → **19 Arten**

HINWEIS: *Pulsatilla grandis* und *P. pratensis* subsp. *nigricans* dürften ähnliche Insekten wie andere *Pulsatilla*-Arten ansprechen.

Heilwirkung: *Pulsatilla vulgaris* wird homöopathisch bei der Förderung der weiblichen Fruchtbarkeit angewendet, aber auch bei Schnupfen und verschiedenen Entzündungen.

Besonderheiten: Kuhschelle ist giftig für Ziegen, und außer von Landschildkröten wird diese Pflanze von Tieren gemieden.

GEWÖHNLICHE KUHSCHELLE

Pulsatilla vulgaris

Höhe: 20 cm
Staudentyp: Geophyt
Standort: sonnig
Wasserbedarf: trocken
Boden: mineralisch, durchlässig, humos
Strategie-Typ: S, R und K
Frost: winterhart

Pulsatilla vulgaris 'Alba'

Pulsatilla vulgaris 'Rubra'

Adult

Spargel-Schmalbiene
Lasioglossum sexnotatum

Flugzeit: IV bis IX, polylektische Art, Länge: 9–11 mm
Pflanze: *Pulsatilla vulgaris, P. pratensis*

Diese in Zentraleuropa seltene Schmalbiene errichtet Erdnester im Sand, aber auch in Lößböden. Ein weiterer Lebensraum sind Abbruchkanten von Flussgewässern, die leider auch in Europa sehr selten geworden sind, was mit Sicherheit ein weiterer Grund dafür ist, dass sie inzwischen so selten ist. Der Name Spargel-Schmalbiene bezieht sich auf die Pollenpflanze, den gewöhnlichen Spargel *Asparagus officinalis*. *Lasioglossum sexnotatum* verschmäht jedoch auch viele andere Pflanzen wie zum Beispiel *Achillea, Centaurea* oder *Verbascum* nicht.

Pulsatilla grandis

Pulsatilla pratensis subsp. *nigricans*

ROSMARIN

Salvia rosmarinus
(Syn. *Rosmarinus officinalis*)

Höhe: 80 cm
Staudentyp: Gerüststaude
Standort: sonnig (Weinbauklima)
Wasserbedarf: trocken
Boden: mineralisch, durchlässig, humos
Strategie-Typ: S und K
Frost: winterhart (Weinbauklima)

Rosmarinus officinalis 'Repens'

Dieser wundervolle Lippenblütler versetzt mich regelmäßig gedanklich in meine Kindheit zurück, wo es üblich war, dass sich Hochzeitsgäste kleine Triebe an ihre Kleidung hefteten, denn Rosmarin steht für Kraft und Fruchtbarkeit in der Ehe. Ich verwende in der Gartengestaltung am liebsten Syn. *Rosmarinus officinalis* 'Arp', da er besonders winterhart ist. Wer über ein sehr warmes Mikroklima verfügt, der sollte einmal eine Rosmarinhecke ausprobieren. Das sieht toll aus und die frühen Blüten, die sich oft schon Anfang März zeigen, sind einfach bezaubernd! Wer etwas Besonderes auf einer Mauerkrone sucht, dem kann ich Syn. *Rosmarinus officinalis* 'Repens' empfehlen. Aber bitte beachten, dass er nicht ganz so winterhart ist wie die anderen Rosmarin-Arten.

Beliebt bei

Nachtfalter-Raupen
- *Rosmarinus officinalis* Rosmarin und Sorten → **1 Art**

Wildbienen (Pollen)
- *Rosmarinus officinalis* Rosmarin und Sorten → **27 Arten, davon 2 spezialisiert**

Hummeln
- *Rosmarinus officinalis* Rosmarin und Sorten → **4 Arten**

Kulinarik: *Rosmarinus officinalis* ist ein beliebtes Gewürzkraut, vor allem in der mediterranen Küche.

Heilwirkung: Innerlich wird *Rosmarinus officinalis* bei Magen- und Gallebeschwerden sowie bei Kopfschmerzen, gegen Müdigkeit, niedrigen Blutdruck und Kreislaufbeschwerden angewendet. Äußerlich angewendet soll Rosmarin konzentrationsfördernd und stimmungsaufhellend wirken und wird auch gern als Mundspülung verwendet.

Adult

Kleine Holzbiene
Xylocopa iris

Univoltin, Flugzeit: IV bis X, polylektische Art, Länge: 14–16 mm
Pflanze: *Rosmarinus officinalis*

Die meisten insekteninteressierten Gärtner kennen die Große Holzbiene (20–28 mm), es gibt jedoch noch einige weitere, wie zum Beispiel die Kleine Holzbiene. Das bevorzugte Heimatgebiet der Kleinen Holzbiene ist der mediterrane Raum, jedoch kommt sie immer wieder auch nördlich der Alpen vor. Dabei nagt sie sich in markhaltige Stängel, wie in die von der Königskerze. Sie kürzt die Triebe circa auf Kniehöhe ein und pfropft die obere Schnittstelle ab. Warum sie das so macht, ist noch nicht vollständig geklärt, aber vermutlich deshalb, um eine höhere Stabilität des Triebes zu erreichen.

Salvia rosmarinus ‚Repens' (Syn. *Rosmarinus officinalis* ‚Repens')

GEWÖHNLICHER SONNENHUT

Rudbeckia fulgida

Höhe: 80 cm
Staudentyp: bodendeckende Staude, Gerüststaude
Standort: sonnig, halbschattig
Wasserbedarf: trocken, mittel
Boden: durchlässig, humos
Strategie-Typ: S und K
Frost: winterhart

Rudbeckia maxima

Rudbeckia subtomentosa

Rudbeckia fulgida 'Little Goldstar'

Adult

Salz-Buntbiene
Camptopoeum friesei

Univoltin, Flugzeit: VII bis VIII, oligolektische Art (Korbblütler), Länge: Weibchen: 7–10 mm, Männchen: 6–8 mm
Pflanze: *Rudbeckia fulgida, R. subtomentosa, R. maxima*

Diese in Europa, hauptsächlich im mediterranen Raum, vorkommende Salz-Buntbiene ist nördlich der Alpen sehr selten. Sie kommt in Sachsen-Anhalt und in meiner Heimatregion, dem Neusiedler See, im Seewinkel vor. Das liegt daran, dass sie ihre Nester an Salzstandorten (Sand) anlegt. Also, wer in der Nähe von Salzlaken lebt und Korbblütler wie *Rudbeckia* oder die Flockenblume pflanzt, kann diese seltene, fast schwarze Biene mit etwas Glück als Besucher willkommen heißen.

Wer kennt diesen tollen Korbblütler mit seinen herrlichen schwarzen Wintertrieben nicht? Sogar im trockenen Halbschatten ist dieser Amerikaner noch eine gute Wahl! Wer es etwas kleiner mag, dem kann ich *Rudbeckia fulgida* 'Little Goldstar' mit 45 cm Höhe empfehlen. Besonders schön finde ich die leuchtenden Blüten von *Rudbeckia subtomentosa*, die 145 cm hoch ist, und wer ganz hoch hinaus möchte, dem kann ich den Hohen Sonnenhut *Rudbeckia maxima* mit über 250 cm Höhe ans Herz legen. *Rudbeckia laciniata*, der Schlitzblättrige Sonnenhut, ist ein invasiver Neophyt und sollte in Europa nicht verwendet werden. Übrigens, der Name *Rudbeckia* stammt vom Botaniker Olof Rudbeck dem Jüngeren ab, der ein Lehrer von keinem geringeren als von Carl von Linné war!

Beliebt bei

Wildbienen (Pollen)

- *Rudbeckia fulgida* Gewöhnlicher Sonnenhut und Sorten → **52 Arten, davon 8 spezialisiert**
- *Rudbeckia subtomentosa* Schwachfilziger Sonnenhut → **52 Arten, davon 8 spezialisiert**
- *Rudbeckia maxima* Großer Sonnenhut → **52 Arten, davon 8 spezialisiert**

Dieser typische Vertreter des Mittelmeerraumes zählt zu den Halbsträuchern, und wie der lateinische Name es bereits in sich trägt (*grave-olens:* stark-riechend), duftet sie schon von Weitem. Auch habe ich seit einigen Jahren die Sorte *Ruta graveolens* 'Jackman's Blue' und interessanterweise war genau diese Sorte vor Jahren mit Raupen vom Schwalbenschwanz übersät, und auf der Ursprungsform befand sich keine einzige. 'Jackman's Blue' ist vom Laub her etwas blauer, und wer weißbunte Blätter mag: Es gibt auch eine 'Variegata' Form. Für Garrigue-Gestaltungen ein absolutes Muss im Garten!

Beliebt bei

Tagfalter-Raupen

- *Ruta graveolens* Weinraute und Sorten → **1 Art**

Kulinarik: *Ruta graveolens* ist eine beliebte Gewürzpflanze in der mediterranen Küche. Frische Blätter werden zu Fleischgerichten gereicht oder für die Zubereitung von Kräuterbutter verwendet.

Heilwirkung: *Ruta graveolens* wirkt appetitanregend, äußerlich angewendet hilft sie bei Prellungen oder Rheuma.

Besonderheiten: Achtung: Der Pflanzensaft der Weinraute ist in höheren Dosen fototoxisch.

Falter

Raupe

Schwalbenschwanz ***Papilio machaon***

Bivoltin(südlich trivoltin),Flugzeit: IV bis VI und VII bis VIII, oligophage Art (Doldenblütler und Rautengewächse), Flügelspannweite: 50 75 mm

Pflanze: *Ruta graveolens*

Die Raupe des Schwalbenschwanzes ernährt sich von Diptam, aber auch von der Weinraute. Um zu überleben, deutet sie zum einen durch ihr äußerliches Erscheinungsbild (warnende, grelle Farben) auf ihre Giftigkeit hin und zum anderen hat sie sich auf fototoxische Pflanzen spezialisiert. Sie frisst deren Blätter, nimmt das Gift auf und wird damit selbst giftig.

WEINRAUTE

Ruta graveolens

Höhe: 40 cm
Staudentyp: Gerüststaude, Füllstaude
Standort: sonnig
Wasserbedarf: trocken
Boden: mineralisch, durchlässig, humos
Strategie-Typ: S und K
Frost: winterhart

ECHTER SALBEI

Salvia officinalis

Höhe: 45cm
Staudentyp: Gerüststaude
Standort: sonnig
Wasserbedarf: trocken
Boden: mineralisch, durchlässig, humos
Strategie-Typ: S und K
Frost: winterhart

Eine meiner absoluten Lieblinge unter den Stauden ist der Heilsalbei, die Sorte 'Berggarten'. Sehr oft verwende ich diese Pflanze in Trockenbeeten, denn sie bereichert durch ihre silberblauen Blätter jedes Beet. In der Literatur wird immer wieder auf die „Blühfaulheit" des Salbeis verwiesen, diese Meinung teile ich aber überhaupt nicht. Ich denke, dass sie absolut trocken stehen muss, dann blüht sie auch jedes Jahr verlässlich. Mit weiteren Sorten des Heilsalbei wie 'Purpurascens' und 'Tricolor' habe ich leider keine guten Erfahrungen gemacht, da sie häufig unter Phytophthora (Pilz) leiden. Ein sehr naher Verwandter von *Salvia officinalis* ist *S. candelabrum*. Das Laub von *S. candelabrum* ähnelt dem vom *S. officinalis*, doch die Blüte sieht ganz anders aus. Weiterhin empfinde ich *Salvia nemerosa*, den Steppensalbei, mit seinen vielen schönen Sorten als eine unverzichtbare Staude. Hervorheben möchte ich die Sorte 'Schwellenburg' mit ihren weinroten Blüten und 'Caradonna' mit dunklen Trieben. Wer Besuch von Holzbienen in seinem Garten wünscht, dem kann ich den Vagabundierenden Salbei *Salvia argentea* und Muskateller-Salbei *Salvia sclarea* empfehlen. Und wer verspielte Blüten für Gräser-Kombinationen mag, dem empfehle ich den Quirlblütigen Salbei *Salvia verticillata*.

Beliebt bei

Tagfalter-Raupen

- *Salvia officinalis* Heil-Salbei und Sorten → **1 Art**
- *Salvia nemorosa* Steppen-Salbei und Sorten → **1 Art**
- *Salvia verticillata* Quirlblütiger Salbei → **1 Art**

Nachtfalter-Raupen

- *Salvia officinalis* Heil-Salbei und Sorten → **4 Arten**
- *Salvia candelabrum* Kandelaber-Salbei → **3 Arten**
- *Salvia nemorosa* Steppen-Salbei und Sorten → **3 Arten**
- *Salvia argentea* Silber-Salbei → **3 Arten**
- *Salvia sclarea* Muskatellersalbei → **3 Arten**
- *Salvia pratensis* Wiesen-Salbei → **21 Arten, davon 1 spezialisiert**
- *Salvia verticillata* Quirlblütiger Salbei → **3 Arten**

Wildbienen (Pollen)

- *Salvia officinalis* Heil-Salbei und Sorten → **24 Arten, davon 2 spezialisiert**
- *Salvia candelabrum* Kandelaber-Salbei → **25 Arten, davon 2 spezialisiert**
- *Salvia nemorosa* Steppen-Salbei und Sorten → **32 Arten, davon 2 spezialisiert**
- *Salvia argentea* Silber-Salbei → **25 Arten, davon 2 spezialisiert**

Salvia nemerosa

Salvia nemerosa 'Schwellenburg'

- *Salvia sclarea* Muskatellersalbei → **25 Arten, davon 2 spezialisiert**
- *Salvia pratensis* Wiesen-Salbei → **47 Arten, davon 2 spezialisiert**
- *Salvia verticillata* Quirlblütiger Salbei → **33 Arten, davon 2 spezialisiert**

Hummeln

- *Salvia officinalis* Heil-Salbei und Sorten → **5 Arten**
- *Salvia candelabrum* Kandelaber-Salbei → **5 Arten**
- *Salvia nemorosa* Steppen-Salbei und Sorten → **5 Arten**
- *Salvia argentea* Silber-Salbei → **5 Arten**
- *Salvia sclarea* Muskatellersalbei → **5 Arten**
- *Salvia pratensis* Wiesen-Salbei → **6 Arten**
- *Salvia verticillata* Quirlblütiger Salbei → **5 Arten**

Kulinarik: *Salvia officinalis* wird als Küchenkraut verwendet. Die Blüten sind von allen Salbei-Arten verwendbar. Sie eignen sich speziell zum Garnieren von Sommersalaten.

Heilwirkung: *Salvia officinalis* wirkt antiviral, antibakteriell und entzündungshemmend und kann zum Gurgeln und als Tee verwendet werden.

Salvia sclarea

Falter

Raupe

Nachtkerzenschwärmer
Proserpinus proserpina

Univoltin, Flugzeit: V bis VI, oligophage Art (Oenothera biennis, Salvia pratensis und Epilobium), Flügelspannweite: 21 mm
Pflanze: *Salvia pratensis*

Dieser wunderschöne, häufig vorkommende Nachtfalter ähnelt vom Erscheinungsbild her dem Taubenschwänzchen. Jedoch sind die Flügel des Falters grün und teilweise gelb. Dieser Falter braucht sehr spezielle Bedingungen bezüglich des Lebensraumes. Die Raupe ernährt sich hauptsächlich von *Epilobium*, dem Weidenröschen an Bachläufen und Feuchtgebieten, und der Falter wiederum ernährt sich von Natternkopf und Wiesensalbei an trockenen Standorten. Mit etwas Glück kann man diesen wunderschönen Falter am frühen Abend im Garten umherfliegen sehen.

Sanguisorba minor ist eines unserer robustesten heimischen Wildkräuter, dass ich in der Kräuterpädagogen-Ausbildung kennenlernen durfte. Ein weiteres Mal fiel mir diese unscheinbare Staude in Kombination mit dem Wiesenknopf-Ameisenbläuling auf; letzterer liebt *Sanguisorbia minor* sehr. Wer die Pflanze mit etwas Farbe sucht, dem kann ich *Sanguisorba minor* 'Little Angel' in Rot empfehlen. Es gibt auch eine große Variante: *S. officinalis* mit einer Höhe zwischen 70 und 120 cm. Jedoch braucht diese eher frischen, humosen Boden. Hervorheben möchte ich auch die Sorte 'Tanna' und ebenso die sehr bekannte Sorte 'Pink Elephant', die zur Gruppe von *S. tenuifolia* zählt und, in Reinweiß, mit der beachtlichen Höhe von 120–180 cm, die Sorte 'Albiflora'.

Beliebt bei

Tagfalter-Raupen

- *Sanguisorba minor* Kleiner Wiesenknopf und Sorten → **1 Art, davon 1 spezialisiert**
- *Sanguisorba officinalis* Großer Wiesenknopf und Sorten → **3 Arten, davon 2 spezialisiert**

Nachtfalter-Raupen

- *Sanguisorba minor* Kleiner Wiesenknopf und Sorten → **13 Arten, davon 1 spezialisiert**
- *Sanguisorba officinalis* Großer Wiesenknopf und Sorten → **7 Arten, davon 2 spezialisiert**
- *Sanguisorba tenuifolia* Hoher Wiesenknopf und Sorten → **3 Arten**

Wildbienen (Pollen)

- *Sanguisorba minor* Kleiner Wiesenknopf und Sorten → **36 Arten**
- *Sanguisorba officinalis* Großer Wiesenknopf und Sorten → **36 Arten**
- *Sanguisorba tenuifolia* Hoher Wiesenknopf und Sorten → **28 Arten**

Hummeln

- *Sanguisorba minor* Kleiner Wiesenknopf und Sorten → **1 Art**
- *Sanguisorba officinalis* Großer Wiesenknopf und Sorten → **1 Art**
- *Sanguisorba tenuifolia* Hoher Wiesenknopf und Sorten → **1 Art**

Kulinarik: *Sanguisorba minor* wird gern als Gewürz eingesetzt, statt Petersilie, und kann für Kräuterbutter, passend zu Fischgerichten, verwendet werden.

Heilwirkung: *Sanguisorba minor* wirkt entzündungshemmend, verdauungsfördernd und blutstillend (*sanguis* für Blut und *sorbere* für saugen). Sie kann innerlich bei Verdauungsproblemen und äußerlich bei Hautproblemen und Wunden angewendet werden.

KLEINER WIESENKNOPF

Sanguisorba minor

Höhe: 40 cm
Staudentyp: bodendeckende Staude
Standort: sonnig
Wasserbedarf: trocken
Boden: mineralisch, durchlässig, humos
Strategie-Typ: S und K
Frost: winterhart

Sanguisorba minor 'Little Angel'

Sanguisorba tenuifolia 'Albiflora'

Sanguisorba tenuifolia 'Pink Elephant'

Sanguisorba officinalis 'Tanna'

Adult

Heller Wiesenknopf-Ameisenbläuling
Phengaris teleius

Univoltin, Flugzeit: VI bis VIII, monophage Art (myrmekophile Art), Flügelspannweite: 37 mm
Pflanze: *Sanguisorba officinalis*

Die Eier bzw. die Raupen dieses Wiesenknopf-Ameisenbläulings findet man am Kleinen und am Großen Wiesenknopf. Dabei lässt sich die Raupe im dritten und letzten Stadium ihrer Häutung fallen und von Roten Knotenameisen *Myrmica rubra* oder Trockenrasen-Knotenameisen *Myrmica scabrinodis* finden und in deren Nest tragen. Dort bedient sich die Raupe an der Brut der Ameisen und wird, aufgrund ihrer Fähigkeit, die Sprache der Ameisen zu imitieren, von den Wirtsameisen als ihresgleichen erkannt und nicht gefressen. Ja, sogar mehr noch, sie wird fürstlich durchgefüttert, bis die Raupe, zum Falter geworden, die «Luxusherberge» verlassen muss. Denn dann fiele der Schwindel auf, was den Tod bedeuten würde. Die Metamorphose dauert ein bis zwei Jahre, das heißt, das adulte Tier lebt in einer Generation und ist von Juni bis August aufzufinden.

GRAUES HEILIGENKRAUT

Santolina chamaecyparissus

Höhe: 40 cm
Staudentyp: Gerüststaude
Standort: sonnig
Wasserbedarf: trocken
Boden: mineralisch, durchlässig, humos
Strategie-Typ: S und K
Frost: winterhart

Adult

Östliche Holzbiene
Xylocopa valga

Univoltin, Flugzeit: III bis IX, polylektische Art, Länge: 22–28 mm
Pflanze: *Santolina chamaecyparissus, S. rosmarinifolia*

Aufgrund ihrer Größe wird diese Holzbiene häufig mit der Großen Holzbiene verwechselt. Das ist nicht verwunderlich, jedoch ist *Xylocopa valga* die größte in Europa lebende Holzbiene. Da sich beide Tiere optisch sehr ähneln, ist eine genaue Bestimmung im Felde kaum möglich. Nichtsdestotrotz, beide sind sehr faszinierende Tiere und weitere Insekten-Highlights im Garten, die es zu beobachten gilt.

Dieser tolle, zu den Korbblütlern zählende Halbstrauch besticht mit seiner Robustheit bei Hitze, aber auch Trockenheit kann ihm fast nichts anhaben. Wer eine Pflanze für schwierige Standorte mit einem bezaubernden, silbrigen Laub sucht, ist bei ihr richtig. Es gibt auch eine grüne Form, mit etwas helleren Blüten, und zwar *Santolina rosmarinifolia*, Grünes Heiligenkraut. Beide sind perfekt geeignete Pflanzen für Garrigue- oder Macchia-Pflanzungen zu Hause, aber auch für Dachbegrünungen und Mauerkronen.

Beliebt bei
Wildbienen (Pollen)

- *Santolina chamaecyparissus* Graues Heiligenkraut → **55 Arten, davon 9 spezialisiert**
- *Santolina rosmarinifolia* Grünes Heiligenkraut → **55 Arten, davon 9 spezialisiert**

Kulinarik: Fein gehackte Blätter von *Santolina chamaecyparissus* können für die Zubereitung von Saucen, zu Fleisch, Fisch, kräftigem Käse und zur Anreicherung von Magenbitterlikören verwendet werden.

Heilwirkung: Ein Tee aus Blättern und Blüten *von Santolina chamaecyparissus* hilft bei Magenbeschwerden.

ROT-SEIFENKRAUT

Saponaria ocymnoides

Höhe: 20 cm
Staudentyp: bodendeckende Staude
Standort: sonnig bis halbschattig
Wasserbedarf: trocken
Boden: mineralisch, durchlässig, humos
Strategie-Typ: S und K
Frost: winterhart

Saponaria officinalis

Seit Langem kenne ich diese Pflanze, genau genommen schon seit meiner Kindheit, bevor ich noch ihren Namen kannte. Dabei ist sie mir durch ihre Robustheit, wie sie über Steinen wuchs, in Kombination mit Trockenverträglichkeit, in meinem elterlichen Garten jedes Jahr aufs Neue aufgefallen. Später, in meiner Kräuterpädagogen-Ausbildung, wurde ich auf *Saponaria officinalis* aufmerksam. Sie trotzt mit ihren 60 cm der Hitze am Straßenrand im pannonischen, heißen Klima und imponiert mit ihrem frischen und gesunden Laub. Wer in seinem Garten das adulte Taubenschwänzchen anlocken möchte – diese Pflanze eignet sich bestens dazu. Aber dann bitte auch nicht die Futterpflanze *Gallium verum* für die Raupen vergessen!

Adult

Acker-Schmalbiene
Lasioglossum pauxillum

Sozial, Bivoltin, Flugzeit: III bis IX, polylektische Art, Länge: Weibchen: 6–7 mm, Männchen: 5–6 mm
Pflanze: *Saponaria ocymnoides, S. officinalis*

Der Namensteil „Acker" im deutschen Namen von *Lasioglossum pauxillum* bezieht sich auf den bevorzugten Lebensraum, auf offene Böden. Dabei ist die Acker-Schmalbiene scheinbar äußerst erfolgreich, da sie von Nordamerika bis Europa sehr häufig vorkommt. Das Besondere an ihren Brutnestern ist dabei, dass der Eingang eine Art Erd-Turm, ein sogenannter Tumulus ist. Diese kleine Verlängerung erinnert an einen Schornstein, der bis zu 10 cm in die Höhe ragen kann und ein gutes Erkennungsmerkmal für die Anwesenheit dieses Tieres im Garten ist.

Beliebt bei

Nachtfalter-Raupen

- *Saponaria ocymnoides* Rot-Seifenkraut → **3 Arten, davon 1 spezialisiert**
- *Saponaria officinalis* Gewöhnliches Seifenkraut → **5 Arten, davon 2 spezialisiert**

Wildbienen (Pollen)

- *Saponaria ocymnoides* Rot-Seifenkraut → **12 Arten**
- *Saponaria officinalis* Gewöhnliches Seifenkraut → **12 Arten**

Besonderheit: *Saponaria ocymnoides* und *S. officinalis* sind in hoher Dosis giftig!

Heilwirkung: *Saponaria officinalis* wurde früher als Seife verwendet.
REZEPT für Seife: Die Wurzeln des Seifenkrautes waschen und trocknen. Danach in kleine Teile schneiden und aufkochen. Dabei lösen sich die Saponine, die wiederum beim Waschen Verschmutzungen und Fette lösen können. Danach 5 Minuten ziehen lassen und abseihen.

Wenn ich naturalistische, an Wiesen angelehnte Bepflanzungen entwickle, darf eine Skabiose einfach nicht fehlen. Sie verkörpert für mich eine typische Wiesenblume und die filigranen Blüten sehen zwischen Gräsern einfach toll aus. Wenn ich eine höhere Variante suche, verwende ich Skabiosen aus der *Caucasica*-Gruppe sehr gerne, wie zum Beispiel *Scabiosa caucasica* 'Perfecta' oder, in Weiß, *S. caucasica* 'Perfecta Alba'. Alle diese Pflanzen sind extrem trockenheitsverträglich, aber das ist auch kein Wunder, deren Pfahlwurzeln können nämlich bis zu 150 cm in die Tiefe reichen! Und wer adulte Tagfalter in seinem Garten bestaunen möchte, der liegt mit dieser Pflanze auf jeden Fall auch richtig, denn sie ist ein wahrer Magnet für Schmetterlinge! Übrigens: *Scabiosa ochroleuca* ist im Gegensatz zu *S. columbaria* und *S. caucasica* 2-jährig!

Beliebt bei

Tagfalter-Raupen

- *Scabiosa columbaria* Tauben-Skabiose → **4 Arten, davon 1 spezialisiert**
- *Scabiosa caucasica* Kaukasus-Skabiose und Sorten → **1 Art, davon 1 spezialisiert**
- *Scabiosa ochroleuca* Gelbe Skabiose → **1 Art, davon 1 spezialisiert**

Nachtfalter-Raupen

- *Scabiosa columbaria* Tauben-Skabiose → **11 Arten**
- *Scabiosa caucasica* Kaukasus-Skabiose und Sorten → **10 Arten**
- *Scabiosa ochroleuca* Gelbe Skabiose → **4 Arten**

Wildbienen (Pollen)

- *Scabiosa columbaria* Tauben-Skabiose → **14 Arten, davon 5 spezialisiert**
- *Scabiosa caucasica* Kaukasus-Skabiose und Sorten → **9 Arten**
- *Scabiosa ochroleuca* Gelbe Skabiose → **8 Arten, davon 5 spezialisiert**

Hummeln

- *Scabiosa columbaria* Tauben-Skabiose → **5 Arten**
- *Scabiosa ochroleuca* Gelbe Skabiose → **1 Arten**

Kulinarik: Frische Blätter von *Scabiosa columbaria* kann man für Salate (roh) oder gedünstet verwenden.

Heilwirkung: Scabies bedeutet so viel wie Grind oder Krätze – ein Hinweis darauf, dass *Scabiosa columbaria* in der Vergangenheit als Heilmittel gegen Krätze verwendet wurde, daher auch der Name Grindkraut.

TAUBEN-SKABIOSE

Scabiosa columbaria

Höhe: 35 cm
Staudentyp: bodendeckende Staude
Standort: sonnig
Wasserbedarf: trocken
Boden: mineralisch, durchlässig, humos
Strategie-Typ: S und K
Frost: winterhart

Scabiosa caucasica 'Perfecta'

Scabiosa caucasica 'Perfecta Alba'

Adult

Skabiosen-Grünwidderchen
Jordanita notata

Univoltin, Flugzeit: VI bis VII, polyphage Art, Flügelspannweite: Weibchen: 7,5–10,5 mm, Männchen: 11–16 mm
Pflanze: *Scabiosa columbaria, S. ochroleuca*

Widderchen sind zwar eine eigene Gruppe, zählen jedoch grundsätzlich zu den Schmetterlingen. Das heißt, deren Metamorphose verläuft ähnlich (Ei, Raupe, Puppe/Kokon, Adult). Das Seltene Grünwidderchen, wie es auch noch genannt wird, trägt diesen Namen leider zu Recht, da es in Mitteleuropa sehr selten geworden ist. Zu erkennen ist es durch seine typischen Fraßgänge (Minen) auf den Blättern, die anfangs einem Hufeisen ähneln.

Scabiosa ochroleuca

SCHARFER MAUERPFEFFER

Sedum acre

Höhe: 5 cm
Staudentyp: bodendeckende Staude
Standort: sonnig
Wasserbedarf: trocken
Boden: mineralisch
Strategie-Typ: S, R und K
Frost: winterhart

Was wäre eine extensive Dachbegrünung ohne *Sedum*? Einfach undenkbar! Der Scharfe Mauerpfeffer ist unglaublich genügsam und trockenheitsverträglich und somit bestens geeignet für Mauerkronen und Fugenbepflanzungen. Der zweite Klassiker unter ihnen ist *Sedum album*, ähnlich wie S. *acre*, nur in Weiß. Ich verwende ebenso gerne *Sedum floriferum* oder *Sedum montanum*, aufgrund der unterschiedlichen Blätter im Vergleich zu den eben erwähnten Arten. Und wenn ich etwas Höheres unter ihnen brauche, wähle ich unsere heimische Art *Sedum maximum*, die jedoch im Garten umherwandert, oder *Sedum telephium*. Bei ihr führt kein Weg an der Sorte 'Herbstfreude' oder, in Rotlaubig an der Sorte 'Matrona' vorbei. *Sedum spectabile* 'Iceberg' fand ich einmal auf dem Gelände eines verlassenen Gartencenters, in einem kleinen 9er-Topf, und sie war die einzige Überlebende unter den vielen Töpfen. Und wer es etwas exotisch mag, dem kann ich *Sedum palmeri* empfehlen.

Beliebt bei

Tagfalter-Raupen

- *Sedum acre* Scharfer Mauerpfeffer → **1 Art, spezialisiert**
- *Sedum album* Weiße Fetthenne → **2 Arten, davon 1 spezialisiert**
- *Sedum maximum* Große Fetthenne → **1 Art**
- *Sedum telephium* Hohe Garten-Fetthenne und Sorten → **2 Arten**

Nachtfalter-Raupen

- *Sedum acre* Scharfer Mauerpfeffer → **6 Arten**
- *Sedum album* Weiße Fetthenne → **10 Arten**
- *Sedum maximum* Große Fetthenne → **4 Arten**

Wildbienen (Pollen)

- *Sedum acre* Scharfer Mauerpfeffer → **13 Arten**
- *Sedum album* Weiße Fetthenne → **11 Arten**
- *Sedum telephium* Hohe Garten-Fetthenne und Sorten → **12 Arten**

Hinweis: *Sedum floriferum*, *S. montanum* und S. *palmeri* dürften ähnliche Insekten wie andere *Sedum*-Arten ansprechen.

Hummeln

- *Sedum telephium* Hohe Garten-Fetthenne und Sorten → **1 Art**

Kulinarik: Alle Fetthennen sind im Frühling für Salat geeignet. Die knöllchenartigen Wurzeln von *Sedum telephium* im Herbst ernten und garen, sie passen zu Gemüsegerichten.

Heilwirkung: Der gelartige Saft der Blätter von *Sedum album* wurde zur Wundheilung verwendet.

Besonderheit: *Sedum acre* ist giftig für Europäische Landschildkröten.

Sedum album

Sedum floriferum

Hylotelephium telephium 'Matrona'
(Syn. *Sedum telephium 'Matrona'*)

Sedum montanum

Adult

Felsspalten-Wollbiene
Anthidium oblongatum

Univoltin, Flugzeit: VI bis VIII, polylektische Art, (Nistmaterial: *Stachys*, *Verbascum*, *Helichrysum*, *Anaphalis* etc.), Länge: Weibchen: 8–10 mm, Männchen: 9–13 mm
Pflanze: *Sedum acre, S. album, S. telephium*

Wie es bereits der Name verrät, baut diese, optisch einer Wespe ähnelnde Biene ihre Nester zwischen Steinen, Mauerfugen u.v.m. Dabei schabt sie Pflanzenteile von meist behaarten Pflanzen wie zum Beispiel dem Wollziest, aber auch vom Curry-Kraut und der Königskerze ab, um damit ihr Nest zu errichten. Wer dieses Tier in seinen Garten locken möchte, sollte am besten Trockensteinmauern errichten, Nektar- und Pollenpflanzen setzen und Pflanzen für den Nestbau pflanzen.

Sedum palmeri

DACH-HAUSWURZ

Sempervivum tectorum

Höhe: 15 cm
Staudentyp: bodendeckende Staude
Standort: sonnig
Wasserbedarf: trocken
Boden: mineralisch
Strategie-Typ: S und K
Frost: winterhart

Sempervivum hirtum

Orostachys spinosa

Orostachys spinosa 'Minutum'

Was könnte diese Pflanze besser beschreiben, als ihr botanischer Name es schon tut – „semper" für immer und „vivus" für lebend ist bezeichnend, die Pflanze ist durch noch so starke Trockenheit nicht umzubringen, da muss sie schon von selbst blühen, dass das passiert. Denn nach dem Blühen stirbt sie leider ab, sorgt aber regelmäßig für Nachkommen. Es gibt unglaublich viele und schöne Arten in Silber, Rot u.v.m., daher ist es eigentlich unmöglich, sich auf einzelne zu beschränken. Ich will es jedoch trotzdem versuchen: In Rot möchte ich *Sempervivum* 'Lucy Liu' hervorheben, in Dunkelrot *S.* 'Ungeheuer' und in Gelb-braun *S.* 'Goldmarianne'. Auch *Sempervivum arachnoideum* mit ihren versponnenen Blättern, die sich durch Abrollen an einer anderen Stelle wieder neu ansiedeln, ist eine Bereicherung für den Garten. Unsere heimische *Sempervivum hirtum* – auch geführt unter dem Pseudonym *Jovibarba globifera* ssp. *hirta*, möchte ich nicht unerwähnt lassen, und die Verwandte *Orostachys spinosa* hat es mir mit ihrer auffälligen Rosette angetan. Wer auf der Suche nach etwas ganz Kleinem ist, dem kann ich *O. spinosus* 'Minutum' empfehlen.

Beliebt bei

Tagfalter-Raupen

- *Sempervivum tectorum* Dach-Hauswurz → **1 Art, spezialisiert**
- *Orostachys spinosa* Sternwurz und Sorten → **1 Art, spezialisiert**

Nachtfalter-Raupen

- *Sempervivum tectorum* Dach-Hauswurz → **2 Arten**
- *Sempervivum arachnoideum* Spinnweb-Hauswurz → **2 Arten**

Wildbienen (Pollen)

- *Sempervivum tectorum* Dach-Hauswurz → **8 Arten**
- *Sempervivum arachnoideum* Spinnweb-Hauswurz → **8 Arten**
- *Sempervivum hirtum* Kurzhaarige Kugelhauswurz → **8 Arten**

Kulinarik: Frische Blätter der Dach-Hauswurz eignen sich für Salat, Suppen und Gemüsegerichte, gedünstete Blätter mit Dip als Fingerfood.

Heilwirkung: Äußerlich angewendet wirkt die Dach-Hauswurz kühlend und wundheilend, der Saft hilft auch gegen Sonnenbrand und Insektenstiche.

Adult, weiblich

Adult, männlich

Apollofalter ***Parnassius apollo***

Univoltin, Flugzeit: V bis VIII, oligophage Art (Dickblattgewächse), Flügelspannweite: 60–88 mm
Pflanze: *Sempervivum tectorum, Orostachys spinosa*

Dieser außergewöhnliche und mittlerweile in Europa stark bedrohte Tagfalter lebt zumeist in Trockenrasen, auf einer Höhe von 400–2000 m. Dabei bevorzugt er neben *Sempervivum* auch *Orostachys*, aber auch einige Pflanzen aus der *Sedum*-Gruppe. Am besten ist das Tier auf Steinen bei den ersten Sonnenstrahlen zu beobachten, oder man sucht die genannten Futterpflanzen nach einem Gelege ab.

GUMMISAFT-SESEL

Seseli gummiferum

Höhe: 80 cm
Staudentyp: Leitstaude, Füllstaude
Standort: sonnig
Wasserbedarf: trocken
Boden: mineralisch
Strategie-Typ: S und R
Frost: winterhart

Obwohl Doldenblütler eine tolle Pflanzenfamilie sind, verwende ich sie leider viel zu selten. Das liegt sicher auch daran, dass viele unter ihnen fototoxisch und auch relativ kurzlebig sind. Dabei macht der Gummisaft-Sesel keine Ausnahme. Seit vielen Jahren steht er bei mir im Vorgarten und sucht sich seine Plätze, ohne lästig zu werden. Einer meiner heimischen Lieblinge unter ihnen ist *Seseli osseum*. Diese kleine und filigrane Pflanze passt einfach in jede Gestaltung, und die Dolden sind eine gute Landebahn für viele Käfer, Schwebfliegen (72 Arten) und andere Schwergewichte unter den Insekten.

Beliebt bei

Nachtfalter-Raupen
- *Seseli gummiferum* Gummisaft-Sesel → **1 Art**
- *Seseli osseum* Meergrün-Sesel → **1 Art**

Wildbienen (Pollen)
- *Seseli gummiferum* Gummisaft-Sesel → **27 Arten, davon 6 spezialisiert**
- *Seseli osseum* Meergrün-Sesel → **27 Arten, davon 6 spezialisiert**

Besonderheit: Achtung: Verwechslungsgefahr mit anderen, teilweise sehr giftigen Doldenblütlern!

Adult

Bärenklau-Sandbiene
Andrena rosae

Bivoltin, Flugzeit: III bis V und VII bis VIII, polylektische Art, Länge: Weibchen: 12–13 mm, Männchen: 10–12 mm
Pflanze: *Seseli gummifera, S. osseum*

Diese seltene Sandbiene ist ein wahrer Einzelkämpfer, die ihre Nester in die Erde gräbt. Dabei bevorzugt sie Trockenrasen und offene, schütter bewachsene Bodenstellen. Sie ist auf Doldenblütler spezialisiert, dabei jedoch nicht besonders wählerisch. Sie ernährt sich gerne von einigen unserer Gemüsepflanzen wie Sellerie, Kümmel, Pastinaken u.v.m, aber auch von vielen *Eryngium*-Arten. Und wenn uns Beikräuter manchmal unser Gartenleben noch so schwer machen, auch der Giersch ist in der ökologischen Nahrungskette, wie zum Beispiel für die Bärenklau-Sandbiene, eine ganz wichtige Nahrungsquelle!

Adult

Rote Schneckenhausbiene
Osmia andrenoides

Univoltin, Flugzeit: : VI bis VII, polylektische Art (Schmetterlings- und Lippenblütler), Länge: 6–8 mm
Pflanze: *Sideritis syriaca*

Osmia andrenoides ist eine typische, solitär lebende Mauerbiene, die, wie die meisten solitär lebenden Arten, völlig friedvoll ist. Dabei hat sie ihre Behausung in leeren Schneckenhäusern, die sie oft stundenlang hin- und herbewegt, bis sie die passende Position erreicht hat. Neben dem Griechischen Bergtee besucht sie auch gerne den Aufrechten Ziest oder den Wiesen-Salbei, und mit der passenden Nahrung und ausreichend Schneckenhäusern kann man sie vielleicht im eigenen Garten beobachten.

Da ich auf Pflanzenbörsen immer wieder Ausschau nach silberblättrigen Pflanzen halte, fiel mir auch eines Tages der Griechische Bergtee, auch Syrisches Gliedkraut genannt, auf. Es wächst bei mir im Garten, im rein mineralischen Substrat, vor einer Steinmauer, an einem der heißesten Plätze im Garten. 50 °C und mehr sind an diesem Standort keine Seltenheit, aber es macht der Pflanze scheinbar überhaupt nichts aus! Insekten lieben diese Pflanze aufgrund ihres ätherischen Öles, typisch für einen Lippenblütler. Wer etwas Silbriges für heiße Standorte sucht und keine Angst vor vagabundierenden Stauden hat, der trifft mit ihr genau die richtige Wahl.

Beliebt bei
Wildbienen (Pollen)
- *Sideritis syriaca* Griechischer Bergtee→ **25 Arten, davon 2 spezialisiert**

Hummeln
- *Sideritis syriaca* Griechischer Bergtee→ **4 Arten**

Kulinarik: Eistee, zubereitet mit Griechischem Bergtee

Heilwirkung: *Sideritis syriaca* wirkt als Tee entzündungshemmend, antibiotisch und hilft bei Erkältungen.

GRIECHISCHER BERGTEE

Sideritis syriaca

Höhe: 40 cm
Staudentyp: bodendeckende Staude, Füllstaude
Standort: sonnig
Wasserbedarf: trocken
Boden: mineralisch
Strategie-Typ: S und R
Frost: winterhart

NICKENDES LEIMKRAUT

Silene nutans

Höhe: 30 cm
Staudentyp: Gerüststaude
Standort: sonnig bis halbschattig
Wasserbedarf: trocken
Boden: mineralisch
Strategie-Typ: S und K
Frost: winterhart

Silene vulgaris

Silene dioica

Silene nutans ist eine der typischen Wiesenblumen, die man in ganz Europa findet. Sie ist eine tolle filigrane Pflanze in Kombination mit *Stipa*. Schade, dass man sie so selten in der klassischen Gartengestaltung sieht!

Weiterhin möchte ich *Silene vulgaris* – das Gewöhnliche Leimkraut erwähnen, das ebenso sehr viel Sonne und Trockenheit verträgt. Und wer eine rosa Variante für den Waldrand bzw. lichten Schatten sucht, wird mit *Silene dioica*, der Roten Lichtnelke fündig. Jedoch braucht diese etwas mehr Feuchtigkeit als ihre Verwandten, wie *Silene acaulis* ssp. *longiscapa* – eine typische Polsterstaude aus den Bergen Europas. Nicht unerwähnt möchte ich zudem *Silene uniflora*, das Klippen-Leimkraut lassen. Mit nur 10 cm Wuchshöhe kann sie wunderschöne Teppiche an Mauerkronen und Ähnlichem zaubern.

Taubenkropf-Blütenspanner
Eupithecia silenata

Univoltin, Flugzeit: IV bis VII, monophage Art,
Flügelspannweite: 19–21 mm
Pflanze: *Silene vulgaris*

Wie bereits der deutsche wie auch der lateinische Name darauf hinweisen, ist dieser nachtaktive Falter auf das Leimkraut spezialisiert. Der Falter ist in Zentraleuropa sehr selten anzutreffen und das, obwohl seine Futterpflanze sehr häufig ist. Einer der Hauptgründe ist die starke Lichtverschmutzung. Der Falter wird von künstlichen Lichtquellen stark angezogen und verendet dann vor Erschöpfung, noch bevor es zur Paarung kommen konnte.

Beliebt bei

Nachtfalter-Raupen

- *Silene nutans* Nickendes Leimkraut → **24 Arten, davon 11 spezialisiert**
- *Silene vulgaris* Taubenkropf-Leimkraut → **30 Arten, davon 12 spezialisiert**
- *Silene dioica* Rote Lichtnelke → **15 Arten, davon 7 spezialisiert**
- *Silene acaulis* Stängelloses Leimkraut → **12 Arten, davon 7 spezialisiert**
- *Silene uniflora* Klippen-Leimkraut → **13 Arten, davon 8 spezialisiert**

Wildbienen (Pollen)

- *Silene nutans* Nickendes Leimkraut → **12 Arten**
- *Silene vulgaris* Taubenkropf-Leimkraut → **12 Arten**
- *Silene dioica* Rote Lichtnelke → **12 Arten**
- *Silene acaulis* Stängelloses Leimkraut → **12 Arten**
- *Silene uniflora* Klippen-Leimkraut → **10 Arten**

Hummeln

- *Silene vulgaris* Taubenkropf-Leimkraut → **1 Art**
- *Silene dioica* Rote Lichtnelke → **4 Arten**

Kulinarik: Junge Triebe und Blüten von *Silene nutans* eignen sich roh als Salatzutat, gedünstet für Gemüsegerichte, Spinat u.v.m.

Heilwirkung: *Silene nutans* wirkt traditionell schleimlösend und harntreibend, wird aber heutzutage kaum noch als Heilpflanze verwendet.

WOLLZIEST

Stachys byzantina

Höhe: 25 cm
Staudentyp: bodendeckende Staude
Standort: sonnig
Wasserbedarf: trocken
Boden: mineralisch
Strategie-Typ: S und K
Frost: winterhart

Es gibt sehr viele Ziest-Arten, und in silbrigen Trockengestaltungen darf der Wollziest nicht fehlen. Sei es in der etwas niedrigeren Sorte 'Silver Carpet' oder etwas größer 'Big Ears', alle sind sehr trockenheitsverträglich. Im Frühling sollte man die abgestorbenen Blätter entfernen, damit es nicht zu Fäulnis kommt. Und wie die meisten Lippenblütler ziehen auch sie Insekten magisch an, und das nicht nur durch ihren Nektar und Pollen, sondern auch wegen ihrer Wolle. Diese dient als wichtiges Nistmaterial, zum Beispiel von Wollbienen. Auch unter unseren heimischen Trockenstauden gibt es eine tolle Pflanze, und zwar *Stachys recta*, der Aufrechte Ziest. Dieser passt in jede naturalistische Pflanzung!

Beliebt bei

Tagfalter-Raupen

- *Stachys recta* Aufrechter Ziest → **4 Arten, davon 1 spezialisiert**

Nachtfalter-Raupen

- *Stachys byzantina* Wollziest und Sorten → **6 Arten**
- *Stachys recta* Aufrechter Ziest → **7 Arten, davon 1 spezialisiert**

Wildbienen (Pollen)

- *Stachys byzantina* Wollziest und Sorten → **25 Arten, davon 2 spezialisiert**
- *Stachys recta* Aufrechter Ziest → **35 Arten, davon 3 Spezialisiert**

Hummeln

- *Stachys byzantina* Wollziest und Sorten → **8 Arten**
- *Stachys recta* Aufrechter Ziest → **8 Arten**
- *Stachys byzantina* 'Silver Carpet' Wollziest **ACHTUNG:** nur Nistmaterial, keine Blüten!

Kulinarik: Die Wurzeln und Knollen von *Stachys palustris* und *S. sylvatica* sind essbar und können wie Kartoffeln zubereitet werden. Junge Blätter und Stängel können zu Spinat verarbeitet werden.

Heilwirkung: *Stachys officinalis, S. palustris* und *S. sylvatica* wirken krampflösend, können die Menstruation regulieren und helfen bei Störungen der Schilddrüse und der Milz. Äußerlich werden sie zur Wundreinigung, Wundheilung und gegen Narbenbildung angewendet.

Stachys byzantina 'Silver Carpet'

Stachys recta

Adult

Loreley-Dickkopffalter
Muschampia lavatherae

Univoltin, Flugzeit: V bis VII, oligophage Art (Ziest), Flügelspannweite: 25–32 mm
Pflanze: *Stachys recta*

Die Vertreter der Dickkopffalter sind wahrliche Eroberungskünstler, denn mit Ausnahme von Neuseeland sind sie weltweit sehr verbreitet. Darunter befinden sich einige Varianten, wie zum Beispiel der Gelbwürfelige Dickkopffalter oder der Kronwicken-Dickkopffalter, die man bei flüchtigem Blick mit einem Nachtfalter verwechseln könnte.

Der Loreley-Dickkopffalter ist im nördlichen Afrika und dem mediterranen Raum beheimatet und breitet sich aufgrund des Temperaturanstieges Richtung Norden aus. Übrigens hat der Falter den Namen nach einer Felswand am Rhein, nach Sichtungen vor Ort, erhalten. Heute gilt der Schmetterling in Deutschland als ausgestorben.

Stachys byzantina 'Big Ears'

Eine meiner Neuentdeckungen in den letzten Jahren ist der Rainfarn. In der Natur ist mir die Pflanze schon lange bekannt, jedoch sollte es einige Zeit dauern, bis ich mich auch an ihre Verwendung in der Gartengestaltung herangetraute. Das liegt wahrscheinlich unter anderem an ihrer Wuchsfreude. Für mich ist der Rainfarn eine perfekte Alternative zur Goldgarbe *Achillea filipendulina*, die aus dem Kaukasus-Raum stammt. Interessanterweise werden diese beiden Korbblütler von ähnlichen Wildbienen besucht. Der Rainfarn ist eine unglaublich wertvolle Bienenpflanze, die mehr als 10 % der in Österreich heimischen Wildbienen ernährt, und so sollte sie in keiner naturalistischen Bepflanzung fehlen! Außerdem remontierend, und erfreut nach einem Rückschnitt nach der ersten Blüte mit einer zweiten am Ende des Sommers.

Beliebt bei

Nachtfalter-Raupen:

- *Tanacetum vulgare* Rainfarn → **11 Arten, davon 2 spezialisiert**
- *Achillea filipendulina* Goldgarbe → **18 Arten**

Wildbienen (Pollen)

- *Tanacetum vulgare* Rainfarn → **80 Arten, davon 13 spezialisiert**
- *Achillea filipendulina* Goldgarbe → **53 Arten**

Hummeln

- *Tanacetum vulgare* Rainfarn → **1 Art**

Adult

Smaragdspanner
Thetidia smaragdaria

Univoltin, Flugzeit: VI bis VII, oligophage Art, Flügelspannweite: Weibchen: 27–34 mm, Männchen: 25–29 mm
Pflanze: *Tanacetum vulgare*

Dieser in Europa häufig anzutreffende Nachtfalter zählt zur Familie der Spanner. Seinen Namen trägt er nicht ohne Grund, da er wunderschön in Smaragdgrün leuchtet. Die Raupe setzt hingegen auf Tarnen und Täuschen. Dabei bestückt sie sich mit Blattstückchen, um sich so eine Art Tarnanzug zu schaffen und für Fressfeinde damit fast unsichtbar zu werden. Nur die Lichtverschmutzung setzt dem Smaragdspanner zu, daher bitte immer an die Reduktion von künstlichem Licht denken!

Kulinarik: Als Beigabe für Limonade und Likör geeignet, als Gewürzpflanze für Fisch und Fleischgerichte sowie für die Teezubereitung und für Süßspeisen.

Heilwirkung: *Tanacetum vulgare* wirkt als Tee zubereitet gegen Magenkrämpfe und Harnbeschwerden.

Besonderheit: Achtung: Die Pflanze enthält Thujon, größere Mengen davon sind giftig, daher ist sie für Schwangere nicht zum Verzehr geeignet! Für Rinder und Kühe ist der Verzehr der frischen und der getrockneten Pflanze in größeren Mengen tödlich.

RAINFARN

Tanacetum vulgare

Höhe: 80 cm
Staudentyp: Leitstaude
Standort: sonnig
Wasserbedarf: trocken, mittel
Boden: mineralisch, humos
Strategie-Typ: S, R und K
Frost: winterhart

EDEL-GAMANDER

Teucrium chamaedrys

Höhe: 25 cm
Staudentyp: bodendeckende Staude
Standort: sonnig, halbschattig
Wasserbedarf: trocken
Boden: mineralisch
Strategie-Typ: S und K
Frost: winterhart

Teucrium hyrcanicum

Teucrium flavum

Teucrium montanum

Diese tolle heimische Wildpflanze ist unglaublich trockenheitsverträglich, da ihre Wurzeln eine Tiefe von mehr als einem Meter erreichen und sie somit Feuchtigkeit aus tieferen Erdschichten aufnehmen kann. Der Edel-Gamander ist ein toller Halbstrauch für Kiesgärten, aber auch Trockensteinmauern und Mauerkronen und seine Blühdauer sucht seinesgleichen. Wer etwas Höheres sucht, dem kann ich den persischen Gamander *Teucrium hyrcanicum* mit 50 cm Höhe empfehlen, jedoch kann dieser sich manchmal aussäen und dadurch lästig werden. Ein weiterer Trockenkünstler ist der hellgelbe *Teucrium flavum*, und auch unter den Polsterstauden findet man diesen Halbstrauch, und zwar mit nur 5–10 cm Höhe in Weiß, *Teucrium montanum*. Ich bin immer wieder aufs Neue fasziniert, wie es diese kleinen Pflanzen auf Fels und in der heißen, pannonischen Sonne aushalten!

Beliebt bei

Tagfalter-Raupen
- *Teucrium chamaedrys* Edel-Gamander → **2 Arten**

Nachtfalter-Raupen
- *Teucrium chamaedrys* Edel-Gamander → **5 Arten**
- *Teucrium hyrcanicum* Kaukasus-Gamander → **1 Art**
- *Teucrium flavum* Gelber Gamander → **1 Art**
- *Teucrium montanum* Berg-Gamander → **4 Arten, spezialisiert**

Wildbienen (Pollen)
- *Teucrium chamaedrys* Edel-Gamander → **33 Arten, davon 2 spezialisiert**
- *Teucrium hyrcanicum* Kaukasus-Gamander → **24 Arten, davon 1 spezialisiert**
- *Teucrium flavum* Gelber Gamander → **25 Arten, davon 2 spezialisiert**
- *Teucrium montanum* Berg-Gamander → **33 Arten, davon 2 spezialisiert**

Hummeln
- *Teucrium chamaedrys* Edel-Gamander → **4 Arten**
- *Teucrium hyrcanicum* Kaukasus-Gamander → **4 Arten**
- *Teucrium flavum* Gelber Gamander → **4 Arten**
- *Teucrium montanum* Berg-Gamander → **4 Arten**

Kulinarik: *Teucrium chamaedrys* eignet sich zum Aromatisieren von Likören.

Heilwirkung: *Teucrium chamaedrys* wurde früher gegen Gicht verwendet, wirkt jedoch bei längerer Einnahme leberschädigend.

Adult

Rote Zweizahnbiene
Dioxys cincta

Univoltin, Flugzeit: IV bis VII, oligolektische Art (Lippenblütler), Länge: 8–12 mm
Pflanze: *Teucrium chamaedrys, T. montanum*

Diese Zweizahnbiene ist eine sogenannte Kuckucksbiene, das heißt, sie nutzt fremde Nester, um darin ihre Eier abzulegen und dann von diesen aufgezogen zu werden. Und das nicht ohne Grund, denn sie können nicht selbst Pollen und Nektar sammeln. Außerdem bevorzugen Zweizahnbienen Nester von Mauer- und Schneckenhausbienen, die ebenfalls den Edel-Gamander als Pollenpflanzen besuchen und somit für Nachwuchs sorgen.

ECHTER THYMIAN

Thymus vulgaris

Staudentyp: bodendeckende Staude
Standort: sonnig
Wasserbedarf: trocken
Boden: mineralisch
Strategie-Typ: S und K
Frost: winterhart

Der Echte Thymian ist ein wahres «Schwergewicht» unter den Lippenblütlern, sowohl, was die Heilwirkung und die Kulinarik, als auch, was ihren Insektenwert angeht. Am liebsten wächst er in mineralischen Böden – trocken und heiß. Diese Bedingungen herrschen auch im Lebensraum der Ameisen vor, die, in Kombination mit der Futterpflanze vom Thymian-Ameisenbläuling *Phengaris arion*, die Raupen vom Falter ernähren. Dieses komplexe Zusammenspiel aus Standort, Pflanze, Ameise und Raupe macht erst die Metamorphose des Bläulings möglich.

Es fällt mir sehr schwer, mich auf einzelne Thymiane zu beschränken, ich will es aber trotzdem versuchen: Vom Frühblühenden Thymian *Thymus praecox*, der die Thymianblüte jedes Jahr einläutet, verwende ich immer wieder verschiedene Sorten, um so das Nahrungsangebot für Insekten zu erweitern. Besonders schön finde ich dabei *Thymus praecox* 'Red Carpet' mit seiner leuchtenden Farbe in Purpur. Es gibt aber auch eine Variante in Weiß, *Thymus praecox* 'Albiflorus'. Weiterhin mag ich in der Gartengestaltung unseren heimischen *Thymus pannonicus* sehr gerne, und als Fugenbepflanzung ist *Thymus serpyllum* unschlagbar. Ein versehentlicher Tritt auf die Pflanze, und eine Duftwolke steigt auf! Wer es zitronig und bunt mag, dem kann ich *Thymus* x *citriodorus* 'Lemon Variegated' mit gelb-panaschierten Blättern empfehlen.

Beliebt bei

Tagfalter-Raupen

- *Thymus vulgaris* Echter Thymian → **8 Arten, davon 1 spezialisiert**
- *Thymus serpyllum* Sand-Thymian → **2 Arten, davon 2 spezialisiert**

Nachtfalter-Raupen

- *Thymus vulgaris* Echter Thymian → **27 Arten, davon 2 spezialisiert**
- *Thymus praecox* Frühblühender Thymian und Sorten → **16 Arten, davon 2 spezialisiert**
- *Thymus pannonicus* Steppen-Thymian → **16 Arten, davon 2 spezialisiert**
- *Thymus serpyllum* Sand-Thymian → **24 Arten, davon 3 spezialisiert**
- *Thymus citridorus* Zitronen-Thymian und Sorten → **15 Arten, davon 2 spezialisiert**

Wildbienen (Pollen)

- *Thymus vulgaris* Echter Thymian → **26 Arten, davon 2 spezialisiert**
- *Thymus praecox* Frühblühender Thymian und Sorten → **34 Arten, davon 2 spezialisiert**

Thymus praecox

Thymus praecox 'Red Carpet'

Thymus praecox 'Albiflorus'

Thymus pannonicus

- *Thymus pannonicus* Steppen-Thymian → **26 Arten, davon 2 spezialisiert**
- *Thymus serpyllum* Sand-Thymian → **37 Arten, davon 2 spezialisiert**
- *Thymus citridorus* Zitronen-Thymian und Sorten → **26 Arten, davon 2 spezialisiert**

Hummeln

- *Thymus vulgaris* Echter Thymian → **4 Arten**
- *Thymus praecox* Frühblühender Thymian und Sorten → **4 Arten**
- *Thymus pannonicus* Steppen-Thymian → **4 Arten**
- *Thymus serpyllum* Sand-Thymian → **4 Arten**
- *Thymus citridorus* Zitronen-Thymian und Sorten → **4 Arten**

Kulinarik:, Thymian ist für die mediterrane Küche ein Muss, ob nun als Gewürz, im Salat oder als Kräuterlikör-Zutat.

Heilwirkung: Thymian wirkt antiseptisch und antibakteriell und hilft gegen Husten und Erkältungen, Bäder mit Thymian helfen bei Rheuma und bei Verstauchungen.

Adult

Gewöhnliche Trauerbiene
Melecta albifrons

Univoltin, Flugzeit: III bis VII, polygolektische Art, Länge: 13–15 mm
Pflanze: *Thymus praecox, T. serpyllum*

Diese auf Pelzbienen spezialisierte Kuckucksbiene kommt noch sehr häufig in Europa vor, was wahrscheinlich der Häufigkeit ihrer Wirte geschuldet ist. Dabei legt sie ihre Eier in bereits verschlossenen Zellen der Pelzbienen ab und verschließt sie anschließend wieder, um sich vom Proviant, der fremden Brut, zu ernähren. Der Name Trauerbiene deutet auf ihre Farbe hin, da sie meist schwarz ist. Mit etwas Glück, den passenden Nektarpflanzen, Sandböden oder Trockenmauern, aber auch an Lehmwänden von Gebäuden, kann man dieses Tier im eigenen Garten entdecken.

WILDE TULPE

Tulipa sylvestris

Höhe: 40 cm
Staudentyp: Geophyt
Standort: sonnig
Wasserbedarf: trocken, mittel
Boden: mineralisch, humos
Strategie-Typ: S und K
Frost: winterhart

Tulipa bakeri 'Lilac Wonder'

Tulipa humilis 'Little Beauty'

Tulipa saxatilis

Bei Tulpen brauchte ich etwas Zeit, bis ich sie zu verwenden begann, da ich durch ihr verstaubtes Image, dass sie in meiner Heimat hat, wohl sehr geprägt war. Dabei gibt es unzählige tolle und sehr trockenheitsverträgliche Arten (bis zu 150), die bestens für Kiesgestaltungen geeignet sind und so ist es äußerst schwer, hier nur wenige zu erwähnen. Beginnen möchte ich mit unserer im Weingarten vorkommenden Wilden Tulpe, die mit ihrem kräftigen Gelb besticht, aber auch die Felsentulpe *Tulipa bakeri* 'Lilac Wonder' verzaubert mich jedes Jahr aufs Neue. Ganz toll finde ich auch die *clusiana*-Typen, die auf den Botaniker Carolus Clusius verweisen. Er brachte die Tulpe vom Osmanischen Raum nach Österreich, um genau zu sein, ins Burgenland, wo sie von dort aus ihren Siegeszug ins restliche Europa startete.

Ebenfalls nicht unerwähnt möchte ich *Tulipa clusiana* var. *chrysantha* lassen, die mit ihrer unglaublichen Trockenheitsverträglichkeit besticht, ebenso wie *Tulipa batalinii* 'Yellow Jewel' mit ihren tollen gelben Blüten. Und wer es etwas lebendiger mag, dem empfehle ich *Tulipa humilis* 'Little Beauty' und, in Zartrosa, *Tulipa saxatilis*.

Beliebt bei

Wildbienen (Pollen)

- *Tulipa sylvestris* Wilde Tulpe → **13 Arten**
- *Tulipa clusiana* Damen-Tulpe → **12 Arten**
- *Tulipa batalinii* Leinblättrige Tulpe und Sorten → **12 Arten**
- *Tulipa saxatilis* Felsen-Tulpe → **12 Arten**
- *Tulipa humilis* Niedrige Tulpe und Sorten → **12 Arten**
- *Tulipa bakeri* dürfte ähnliche Insekten wie andere *Tulipa*-Arten ansprechen.

Besonderheit: Achtung: Für Menschen giftig!

Adult

Gewöhnliche Furchenbiene
Lasioglossum calceatum

Eusoziale Art, Univoltin, Flugzeit: Weibchen: III–X, Männchen: ab VI, polylektische Art, Länge: 8–10 mm
Pflanze: *Tulipa sylvestris*

Der Grund, warum dieses Tier in Europa sehr häufig anzutreffen ist, ist wohl der, dass sie in verschiedensten Biotopen (Ubiquist) vorkommt. Dabei besiedelt sie feuchte bis trockene Flächen und ist kein Kostverächter, da sie viele unterschiedliche Blühpflanzen besucht. Die Gewöhnliche Furchenbiene ist relativ leicht von Honigbienen zu unterscheiden, da sie mit ihren 8–10 mm wesentlich kleiner ist.

Das Besondere an Furchenbienen ist, dass es unterschiedliche Lebensformen gibt, das heißt von solitär lebenden bis zu eusozialen Arten, also in sozialen Gruppen, wie wir sie von Honigbienen kennen. Dies ist besonders außergewöhnlich und speziell für Evolutionsbiologen umso interessanter, da es Einblicke gewährt, aber auch viele Rätsel aufgibt, warum es zu diesem unterschiedlichen sozialen Verhalten kommt.

Der Name Königskerze wird der imposant aufrechten Pflanze nur allzu gerecht und sie trotzt mit ihrer stattlichen Erscheinung jedem noch so starken Wind. Diese Staude ist meist zweijährig, dabei ist es wichtig, ihren Blütenstand erst im späten Frühling abzuschneiden, damit es verlässlich zur Aussaat kommt. Außerdem wird ihr Stängel, aber auch ihre Wolle dankend von verschiedensten Insekten, wie zum Beispiel von der Kleinen Holzbiene, zum Nestbau, aber auch als Unterschlupf angenommen. Ich lasse in meinem Garten immer einige Stängel (ca. 100 cm) stehen, umso Bienen, wie der Stängel-Blattschneiderbiene, eine Unterschlupfmöglichkeit zu bieten.

Ausnahme bezüglich ihrer Lebensdauer (ausdauernd) ist *Verbascum chaixi* und die wunderschöne, in Violet blühende *V. phoeniceum*. Unbedingt erwähnen möchte ich noch *Verbascum nigrum*, aber auch *V. speciosum* und *V. phlomoides*. Dabei weist der Namensteil *phlomoides* auf ihre Brennbarkeit hin, da ihre Blätter früher als Lampendocht verwendet wurden. Besonders gerne plane ich auch die *Sorte Verbascum bombyciferum* 'Polarsommer' ein, die mit ihren silbrigen Blättern jede Trockengestaltung aufwertet.

Beliebt bei

Nachtfalter-Raupen

- *Verbascum chaixii* Österreich-Königskerze → **12 Arten**
- *Verbascum pheoniceum* Violette Königskerze → **13 Arten**
- *Verbascum nigrum* Schwarze Königskerze → **13 Arten**
- *Verbascum speciosum* Pracht-Königskerze → **13 Arten**
- *Verbascum phlomoides* Windblumen-Königskerze → **13 Arten**
- *Verbascum bombyciferum* Seidige Königskerze und Sorte → **13 Arten**

Wildbienen (Pollen)

- *Verbascum chaixii* Österreich-Königskerze → **8 Arten, davon 2 spezialisiert**
- *Verbascum pheoniceum* Violette Königskerze → **8 Arten, davon 2 spezialisiert**
- *Verbascum nigrum* Schwarze Königskerze → **9 Arten, davon 2 spezialisiert**
- *Verbascum speciosum* Pracht-Königskerze → **9 Arten, davon 2 spezialisiert**
- *Verbascum phlomoides* Windblumen-Königskerze → **9 Arten, davon 2 spezialisiert**
- *Verbascum bombyciferum* Seidige Königskerze und Sorten → **8 Arten, davon 2 spezialisiert**

Kulinarik: Junge Blätter der Königskerze (vor der Blüte) knusprig anbraten oder in Bierteig backen.

Heilwirkung: Die getrockneten Blüten der Königskerze enthalten Schleimstoffe, Saponine und Flavonoide. Deshalb wird sie bei Husten, Heiserkeit und Bronchitis, zum Bespiel als Tee, eingesetzt. Frische Blüten zu Brei verarbeitet helfen bei Insektenstichen.

ÖSTERREICH-KÖNIGSKERZE

Verbascum chaixii

Höhe: 100 cm
Staudentyp: Leitstaude, 2-jährig; Füllstaude
Standort: sonnig
Wasserbedarf: trocken
Boden: mineralisch, durchlässig, humos, offener Boden
Strategie-Typ: S und R
Frost: winterhart

Verbascum phoeniceum

Verbascum nigrum

Verbascum speciosum

Falter

Raupe

Königskerzen-Mönch *Shargacucullia verbasci*

Univoltin, Flugzeit: IV bis VI, oligophage Art (Verbascum), Flügelspannweite: 48–56 mm
Pflanze: *Verbascum chaixii, V. phoniceum, V. speciosum, V.phlomoides, V. bombyciferum*

Diese wunderschöne Nachtfalter-Raupe ist hochspezialisiert auf Königskerzen, wie es bereits ihr optisches Erscheinungsbild erahnen lässt. Dabei hält sie sich nicht an das Sprichwort « ... von der hässlichen Raupe zum wunderschönen Schmetterling», und das nicht ohne Grund. Der Falter ist nachtaktiv und die Raupe eben tagaktiv, deshalb entwickelte diese Raupe eine sogenannte Tarnfarbe, um sich so besser vor Fressfeinden zu schützen. Der Falter bildet eine Generation, und, mit Ausnahme von Skandinavien, ist er überall in Europa anzutreffen, wo es Königskerzen gibt.

ECHTES EISENKRAUT

Verbena officinalis

Höhe: 50 cm
Staudentyp: Gerüststaude, Füllstaude
Standort: sonnig
Wasserbedarf: trocken
Boden: mineralisch, durchlässig humos
Strategie-Typ: S, K und R
Frost: winterhart

Es gibt kaum eine Staude, die so viel Trockenheit erträgt! Aufgrund ihrer filigranen Erscheinung besticht sie jedoch erst auf den zweiten Blick. Vorsicht sei geboten bei der Verwendung in zu humosem Substrat, da sie sich dort stark aussäen wird. Eine tolle Pflanze ist die Sorte *Verbena officinalis* var. *grandiflora* 'Bampton', die mit ihrem dunklen Laub, aber auch mit geringerer Aussaat überzeugt. Natürlich darf das Patagonische Eisenkraut *Verbena bonariensis* mit 80–120 cm Höhe auch nicht fehlen, jedoch ist diese Pflanze nicht ganz winterhart (Heimat Südamerika), sollte aber im Weinbauklima gut funktionieren. Die kleine Variante davon ist *V. bonariensis* 'Lollipop' mit 60 cm Höhe, die sich wunderbar mit niedrigeren Stipa-Arten kombinieren lässt. Eine straffaufrechte Variante ist *Verbena hastata*, die mit 120 cm eine der größten unter ihnen ist und, in Zartrosa, *V. hastata* 'Pink Spires'. Das Eisenkraut ist eine tolle Nektarpflanze, die einlädt, Schmetterlinge zu beobachten und sich dankbar immer wieder neue Plätze im Garten sucht.

Beliebt bei
Wildbienen (Pollen)

- *Verbena officinalis* Echtes Eisenkraut und Sorten→ **1 Art**
- *Verbena bonariensis* und *V. hastata* dürften ähnliche Insekten wie *Verbena officinalis* ansprechen.

Kulinarik: Die Blätter von *Verbena officinalis*, vor der Blüte blanchiert, eignen sich als Beigabe zu Salaten, Eintöpfen usw. Die Blüten sind essbar und können ebenfalls Salaten zugefügt werden.

Heilwirkung: *Verbena officinalis* wirkt stärkend auf das Immunsystem sowie regulierend auf den Stoffwechsel. Es hilft bei Rheuma, ist blutreinigend und lindert Migräne sowie Menstruations- und Wechseljahresbeschwerden. Äußerlich wird es gegen Ekzeme eingesetzt und wirkt wundheilend.

Verbena officinalis var. *grandiflora* 'Bampton'

Verbena hastata

Verbena bonariensis

Verbena hastata 'Pink Spires'

Adult

Schwarze Keulhornbiene
Ceratina cucurbitina

Univoltin, Flugzeit: IV bis IX, polylektische Art, Länge: 8–10 mm
Pflanze: *Verbena officinalis*

Diese sehr kleine Wildbiene ist durch ihre schwarze, nicht glänzende Farbe relativ leicht im Felde erkennbar. Dabei ist sie polylektisch, das heißt, sie nimmt sehr viele verschiedene Pollenquellen als Nahrungsquelle an. Ihre Nester baut sie in Hohlräume von Markstängeln, daher Stauden vor dem Winter nicht abschneiden! Sollte es nicht anders möglich sein, so kann man diese Pflanzenteile abschneiden und in einem Kübel zwischenlagern, um so die Nester nicht zu zerstören.

Wenn man eine Keulhornbiene in die Hand nimmt, sondert sie ein gelbliches, nach Zitronen duftendes Sekret ab.

BILDNACHWEIS

Eis, Rudolf: 41 oben (beide), 59 unten rechts, 70 Mitte rechts, 82 Mitte rechts, 93 Mitte rechts, 104 unten, 113 oben links, 114 beide, 135 unten Mitte, 142 unten links, 153 oben

Kugler, Joachim: 10, 11 (beide), 12 (beide), 13 (oben und Mitte), 14 (beide), 15 (beide), 16 (beide), 18 (alle), 19, 20, 22, 23 (beide), 25, 26, 27 oben links, 28, 29, 30 zweites von rechts, 31 unten, 35, 36 oben und Mitte, 37, 38 beide oben und Mitte (alle), 41 unten, 43 oben links, 45 oben links und unten rechts, 46 unten, 47, 48 oben links und rechts, 51 oben links, 52, 53 Mitte links, 55 (beide), 57, 58 oben und Mitte sowie unten links, 59 oben, 60, 61, 62, 64 oben beide rechts und unten, 65, 66 beide oben und Mitte links, 67, 68 oben, 69, 70 oben links und Mitte links, 71, 72 Mitte rechts und unten, 73, 74 oben, Mitte rechts und unten, 75, 76 unten, 77, 78 oben rechts und Mitte links und rechts, 79 oben links und unten, 80, 81 unten (beide), 82 oben links und Mitte links, 83 oben, 84 oben links, 86 oben links und unten, 87, 89, 90 oben (beide) und Mitte rechts, 91, 92 unten, 93 Mitte oben, Mitte Mitte und unten, 94, 95 oben (beide) und Mitte rechts, 97, 98 oben rechts, 99, 100 oben links und oben rechts unten, 101, 102 Mitte links und unten links, 103, 104 oben links, 107, 108 alle, 109, 110 Mitte rechts, 111, 114 oben, 120 oben rechts, 121 oben, 122, 123 oben (alle), 124, 125 oben (beide) Mitte links und unten, 126 oben, 128 oben links und Mitte rechts sowie unten, 129, 130 unten, 131, 132 oben links und Mitte rechts, 133 alle, 134, 135 oben (beide) und Mitte links, 136, 138 oben, 139, 140 oben, 142 oben links, 143, 144 oben rechts und Mitte links, 146 unten (beide), 148 unten, 149, 150 (beide), 151, 150 oben (beide), 154, 155 oben links und rechts, 157 Mitte rechts, 158, 159 oben links und rechts, 160, 161 oben links und unten rechts, 162, 163 Mitte links

Griebl, Norbert: 27 oben Mitte und rechts, 30 oben zweites von links und rechts, 31 oben, 32 oben rechts und unten, 33 (beide), 34 (beide), 36 rechts, 39, 40 oben Mitte, Mitte rechts, 42, 49 oben, 50, 51 oben rechts, 53 unten, 54 oben, 58 unten rechts, 59 unten, 61 unten links, 63 alle oben, 64 oben, 66 unten, 70 oben Mitte und rechts, 72 oben rechts, 76 oben (beide), 78 oben links, 81 oben (beide), 85, 86 oben rechts, 88 oben links und Mitte, 92 oben und Mitte rechts, 95 Mitte links, 100 oben rechts oben, 102 oben links, 104 oben rechts, 105, 106 oben rechts, 110 oben, 112 oben links und Mitte rechts sowie unten, 115, 116 oben rechts, 118 oben links und unten rechts, 119, 127, 128 oben rechts, 137 unten, 142 oben rechts und unten rechts, 144 oben links und Mitte rechts sowie unten rechts, 145, 146 oben (alle), 147 oben, 153 unten, 155 oben Mitte, 156, 157 oben links, 159 oben Mitte, 161 oben rechts und unten links, 163 oben rechts

Gussmag, Gerhard: 38 unten, 88 oben rechts, 117, 118 oben rechts, 132 oben rechts

Lackner, Robert: 130 oben

Lorek, Michael: 13 unten

Staudenring: 30 oben links, 40 oben links und rechts, Mitte links und unten rechts, 43 oben rechts, Mitte (beide), 44 oben, 45 oben rechts und unten links, 48 oben Mitte, 51 oben Mitte, 53 oben (beide), 56 oben, 66 Mitte rechts, 68 unten rechts, 72 oben links, 82 oben rechts, 83 unten, 84 oben rechts und unten links, 86 Mitte rechts, 96 oben, 98 oben links, 102 oben rechts, Mitte rechts und unten, 106 oben links und Mitte, 112 oben links, 116 oben links und Mitte, 120 oben links, 137 oben (beide) und Mitte rechts, 141, 152 unten rechts, 157 Mitte links, 163 oben links und unten

Wiesbauer, Heinz: 40 unten links, 43 unten, 44 unten, 49 unten, 51 unten, 61 unten rechts, 66 unten links, 68 unten links, 72 Mitte links, 79 oben rechts, 84 Mitte links, 90 unten links, 96 unten, 98 unten, 106 unten, 125 Mitte rechts, 126 unten, 128 unten links, 130 unten links, 132 unten links, 138 unten, 140 unten, 142 unten links, 148 oben, 155 unten, 157 unten, 157 unten, 162 unten rechts

Wikicommons: 27 unten, 28 unten links, 29 unten links, 31 (beide links), 32 oben links, 33 Mitte, 34 Mitte (Lindsey, CC 3.0), 36 unten (Roman 3.0), 46 (Gideon Pisanty 3.0), 48 unten lins (Ben Sale 2.) und unten rechts (Clemante 2.0), 53 Mitte Mitte (Ilia Ustantiev 2.0) und Mitte rechts (Janet Graham 2.0), 54 unten (Charles Sharp 4.0), 56 unten links (Zeynel Ceneci 4.0) und unten rechts (Stevti 4.0), 61 oben (Peter Coxhead 3.0), 63 unten links (Ben Sale 2.0) und unten rechts (Line Sabroe 4.0), 70 unten (Janet Graham 2.0), 74 Mitte links (Kirospe 2.0) und Mitte Mitte (Kurt Kulac 2.5), 78 Mitte Mitte (Lioisi 2.0), 86 Mitte links (Floci Nivis 2.0), 88 unten (Ben Sale 2.0), 92 unten links (Armbrust 2.0), 93 oben rechts (Holger Crisp 2.0), 100 (Galehapsire 2.0), 110 unten links (Aiwok 3.0), 112 unten links (Ilia Ustantiev 2.0), unten Mitte (David Short 2.5), 113 oben rechts (Lily M 2.0), 116 unten (xulescu 2.0), 116 unten links (Galehampsire 2.0), 118 unten links (Janet Graham, CC 2.0), 120 unten (Ivar Leidus 4.0), 121 unten (Keta 2.5), 123 unten (Gidip 4.0), 135 unten rechts (Holger Krisp 2.5), 137 unten rechts (Ilia Ustantiev 2.0), 147 unten (Sam Thomas 2.0), 152 unten links (Peterichman 2.0), 161 Mitte (Mick Godrum 2.0)

Wolf, Julia: 157 oben rechts

DANK

Ein großer Dank gilt als Erstes Norbert Griebl, der mich durch seine Expertise in der Pflanzenwelt unterstützte und viele Fotos zur Illustration dieses Buches beisteuerte. Des Weiteren möchte ich mich beim Staudenring, im Speziellen bei Xandl Schmidhammer, bedanken. Ebenso bei Rudi Eis, der mich immer an seinem umfangreichen Wissen über die Schmetterlingswelt teilhaben lässt und mich tatkräftig mit seinen Fotos unterstützte, sowie Heinz Wiesbauer, der mit seinen großartigen Bildern von Wildbienen dieses Buch erst komplettierte.

Bedanken möchte ich mich auch bei meinem Partner Daniel Trinkl, der jede noch so verrückte Pflanzenidee seit 20 Jahren mit mir umsetzt und für die großartige gemeinsame Zusammenarbeit bei KUGLER & TRINKL – ohne sie hätte ich diese Erfahrung nicht!

Danke auch an Friedrich Jansenberger für seine professionellen Porträts. Ein weiterer Dank gilt Gerhard und Birgit Gussmag vom Wüstengarten, Julia und Andreas Wolf sowie Dr. Michael Lorek und Robert Lackner für die hervorragende Unterstützung mit Bildern zur Illustration des Buches.

Des Weiteren möchte ich mich beim Haupt-Verlag, im Speziellen bei Herrn Dr. Martin Lind, bedanken, der von Beginn an an dieses Buch glaubte.

Und zum Schluss einen großen Dank der Frau an meiner Seite, die mit mir unermüdlich die Pflanzen- und Insektenwelt erkundet und sich meine Geschichten darüber immer wieder anhört; die mir nie das Gefühl gibt, dass diese langweilig seien und auch geduldig jeden Schnappschuss abwartet, egal wie das Wetter ist oder ob wir wieder einmal zu wenig zum Trinken mit dabei haben – vielen Dank dafür, Chris!

REGISTER

1. Auflage: 2026

ISBN 978-3-258-08456-5

Umschlag und Layout: Roman, Bold & Black, D-Köln

Wir drucken mit mineralölfreien Farben und verwenden FSC®-zertifiziertes Papier. FSC® sichert die Nutzung der Wälder gemäß sozialen, ökonomischen und ökologischen Kriterien.
Gedruckt in der Tschechischen Republik

FSC www.fsc.org MIX Papier | Fördert gute Waldnutzung FSC® C010798

Diese Publikation ist in der Deutschen Nationalbibliografie verzeichnet. Mehr Informationen dazu finden Sie unter http://dnb.dnb.de.

Der Haupt Verlag wird vom Bundesamt für Kultur für die Jahre 2026–2028 unterstützt.

Wir verlegen mit Freude und großem Engagement unsere Bücher. Daher freuen wir uns immer über Anregungen zum Programm und schätzen Hinweise auf Fehler im Buch, sollten uns welche unterlaufen sein.

Haupt Verlag AG
Falkenplatz 14
CH-3012 Bern
herstellung@haupt.ch
www.haupt.ch

Verantwortlich in der EU (GPSR):
Brockhaus Kommissionsgeschäft GmbH
Kreidlerstr. 9
DE-70806 Kornwestheim
haupt@brocom.de